이 정도는 알아야 하는
최소한의 과학

이 정도는 알아야 하는
최소한의 과학

초판 1쇄 펴낸 날 2017년 7월 24일
초판 3쇄 펴낸 날 2020년 12월 28일

지은이	박재환
펴낸이	백종민
편 집	최새미나·김지현·박일귀
외서기획	강형은
디자인	책은 우주다
마케팅	박진용··송지현
관 리	장희정
펴낸곳	주식회사 꿈결
등 록	2016년 1월 21일(제2016-000015호)
주 소	서울시 영등포구 당산로 50길 3 꿈을담는빌딩 6층
대표전화	1544-6533
팩 스	02) 749-4151
홈페이지	dreamybook.co.kr
이메일	ggumgyeol@naver.com
블로그	blog.naver.com/ggumgyeol
인스타그램	instagram.com/ggumgyeol
페이스북	facebook.com/ggumgyeol
에듀카페	cafe.naver.com/ggumgyeoledu

ⓒ 박재환, 2017

ISBN 979-11-88260-14-0 44400
ISBN 979-11-88260-12-6 (세트)

이 도서의 국립중앙도서관 출판예정도서목록(CIP)은 서지정보유통지원시스템 홈페이지(http://seoji.nl.go.kr)와 국가자료공동목록시스템(http://www.nl.go.kr/kolisnet)에서 이용하실 수 있습니다. (CIP제어번호: CIP2017014669)

이 책은 저작권법에 따라 보호받는 저작물이므로,
저작자와 출판사 양측의 허락 없이는 일부 혹은 전체를 인용하거나 옮겨 실을 수 없습니다.

책값은 뒤표지에 있습니다.
주식회사 꿈결은 ㈜꿈을담는틀의 자매회사입니다.

문과형
인재를 위한
말랑한
지식

이 정도는
알아야
하는

최소한의 과학

박재환 지음

1924년 늦가을, 나는 친구들과 아헨 호(湖) 주변의 산을 오르고 있었다. 날씨가 흐려 산들은 구름에 덮여 있었다. 산 정상에 가까울수록 안개는 더욱 심해져서 좁은 등산로를 완전히 덮어 버렸고, 우리는 방향 감각을 상실한 채 바위와 소나무 사이를 헤매게 되었다. 이때 짙은 안개 사이로 햇빛이 간간히 비추기 시작했고, 산 정상의 모습이 잠깐씩 드러나 보였다. 올라가는 여정에서 되풀이되는 몇 번의 순간적인 조망을 통하여, 우리는 산의 지형과 우리가 나아갈 방향을 충분히 알 수 있었다. 잠시 후, 우리는 산의 정상에 올라 눈앞에 펼쳐진 안개 바다를 바라보고 있었다.

— 베르너 하이젠베르크, 《부분과 전체》 중에서

머리말

우리에게 과학은 무엇인가?

  시계 알람 소리에 잠을 깨면 스마트폰을 열어 하루의 일정을 점검한다. 직장으로 출근하는 전철 안에서는 스마트폰으로 이메일을 확인하고 주요 뉴스를 살핀다. 직장에서는 인트라넷으로 문서를 주고받으며 데이터베이스에 접근한다. 현대를 살아가는 우리에게 전혀 낯설지 않은 일상적 풍경이다. 이제 스마트폰, 컴퓨터, 인터넷, 자동차가 없는 환경은 상상하기조차 힘들다. 과학기술은 이미 일상생활과 떼려야 뗄 수 없는 관계가 되어 버렸다.

  산업혁명 때부터 최근까지 과학기술은 인류 문명을 윤택하게 하는 도구 정도로만 인식되었다. 그러나 21세기에 들어서는 정보 통신, 생명 공학, 원자력 등 대규모의 예산과 인력이 투입되는 거대과학이 국가와 사회, 더 나아가 인류 문명의 패러다임을 바꾸는 중요한 역할을 하고 있다.

2016년 봄, 인류 문명에 충격을 안겨 준 인공지능 알파고는 대표적인 사례가 될 것이다. 무엇보다도 우리는 일종의 두려움을 느꼈다. 기계가 사람을 결코 이길 수 없을 거라고 생각했던 바둑 경기에서 알파고가 인류 최고의 프로 기사보다 우월한 기량을 보여 주었기 때문이다. 인공지능이 사람들의 일자리를 빼앗거나 인류 문명을 무력으로 공격하지는 않을까 많은 사람이 걱정하고 있다. 게다가 과학과 기술은 더 이상 인류 문명의 도구 정도가 아니라 문명 전체의 패러다임을 변화시킬 거라고 예상된다. 그렇다면 앞으로 변화될 패러다임 속에서 우리 인간의 의미와 역할은 무엇일까? 알파고 앞에 선 인류의 마음은 어딘가 모르게 착잡하기만 하다.

  이 책에서는 우리 시대에 중요한, 그리고 가까운 장래에 주목할 만한 과학기술 이슈들을 다루었다. 특히 최근 수년간 뉴스와 미디어에서 큰 화제가 되었던 이슈들을 가능한 한 많이 포함하려고 노력했다. 우리의 일상과 문명은 과학기술과 결코 분리될 수 없으며, 따라서 과학과 사회의 긴밀한 연대와 상호 이해가 필요하다. 이러한 점에서 과학기술 만능주의를 주장하는 것은 곤란한 일이고, 인문학 만능주의 역시 마찬가지다. 그래서 이 책에서는 과학기술과 우리 사회가 어떤 관련이 있는지 실제 사례들을 중심으로 살펴보고자 했다.

  1장에서는 지난 500여 년의 근대 과학사에서 중요했던 순간들을 설명하고, 이것이 인류 문명에 미친 영향을 간단히 살펴보았다. 더불어 우주, 물질, 생명의 근원과 구동 메커니즘의 이해에 관한 현대 과학의 현황도 소개했다. 2, 3, 4장에서는 우리 시대에 중요한 과학기술 이슈들을 정리해 보았다. 에너지와 환경, 생명공학, 뇌 과학, 인공지능, 정보 통신 기술 등이 우리 사회에 어떤 영향을 미치고 있으며, 앞으로 우리 문명을 어떻게 변화시켜 나갈 것인지에 관해서 서술했다. 5장에서는 기술과 윤리, 우리나라의 과학기술 정책, 과학기술과 인문사회학의 관계 등을 다루었다.

과학기술은 인류 문명을 구동하는 엔진이자 우리 사회를 지배하는 권력이 된 지 오래다. 과학기술자들은 단순히 기술만 생각해서는 곤란하다. 인간 자체를 알아야 하며, 사회의 요구를 읽어 낼 수 있어야 한다. 인문사회학 전공자들은 과학기술에 대한 기본적인 내용을 이해해야 한다. 그래야 과학기술이 인간적인 가치에 부합하는지 감시할 수 있고, 더 나아가 인문학적 창조성을 과학기술에 부여하는 역할을 할 수 있을 것이다. 그러한 의미에서 과학기술과 인문사회학이 서로를 이해하는 데 이 책이 작은 밑거름이 되기를 기대해 본다.

책이 나오기까지 도움을 주신 많은 분들에게 고마움을 전한다. 한국과학기술연구원에 재직했던 10년 동안, 과학기술의 방법론과 과학자로서의 자세를 가르쳐 주셨던 선후배 연구자들께 감사드린다. 인문학적 상상력으로 많은 질문을 던져 준 이재은 선생님 그리고 책의 기획과 편집 과정에서 많은 도움을 준 출판사 분들에게 감사드린다.

박재환

| 차례 |

머리말 우리에게 과학은 무엇인가? 5

제1부 — 과학혁명의 역사

1 • 퀀텀 점프 15

코페르니쿠스적 전환 16
엔트로피, 그리고 새로운 세계관 18
디지털 코드로 구성되는 생명 22
퀀텀 점프 24
과학혁명의 구조 26

2 • 세상 만물은 어디에서 왔을까 30

나는 어떻게 우주 안에 존재하게 된 것일까? 31
물질의 본질은 무엇일까? 35
힘의 정체는 무엇인가? 38
생명은 어떻게 생겨난 것일까? 43

제2부 — 지구, 30년 후의 모습은?

1 • 원자력 에너지, 필요악인가 49

위험한 동거 50
우리 식탁 위의 방사성물질 52
북한 핵무기가 서울에 투하된다면? 55
원자력 에너지, 피할 수 없는 선택인가? 57

2 • 뜨거워지는 지구를 멈출 수 있을까 60

    뜨거워지고 있는 지구 62
    지구온난화, 10문 10답 65
    지구별과 싸우는 지구 자본주의 74

3 • 에너지의 정치경제학 78

    문명을 구동하는 힘, 에너지 79
    에너지 패권과 세계 질서 80
    팽창주의 경제와 에너지 딜레마 83
    새로운 도전 85

4 • 적정기술과 대중 생산 89

    인간이 필요로 하는 기술 91
    작은 것이 아름답다 95
    인간이 주도하는 기술 96
    신자유주의와 과잉 기술 99
    21세기의 시대정신, 적정기술 100

제3부 — 생명을 설계하다

1 • 내 몸의 설계도 107

    내 몸을 만든 설계도를 읽어 내다 108
    생명 복제, 어떻게 바라볼 것인가? 111
    인간 부품 공장 115

2 • 생각을 읽고 쓸 수 있을까   117
    생각한다는 것은 무엇인가?   118
    뇌와 관련된 이슈들   121
    생각을 훔칠 수 있을까?   128
    생각을 심을 수 있을까?   131

3 • 우리집 밥상의 GMO   133
    우리 식탁을 점령한 GMO   135
    GMO와 관련된 이슈들   137
    글로벌 푸드 vs. 로컬 푸드   144

제4부 — 제2의 기계혁명

1 • 기계와 함께 걸어가는 방법   149
    비트가 만들어 낸 새로운 세상   150
    새로운 기계문명 이슈들   152
    기계 시대, 인간의 전략   161

2 • 인공지능과 세상의 미래   164
    기계화된 지능은 존재할 수 있는가?   166
    인공지능 알파고   168
    인공지능 기술의 미래는?   170
    인공지능 시대, 인간의 역할은 무엇인가?   172

3 • 네트워크와 경험 경제   175

   네트워크의 시대   176
   유비쿼터스 세상   178
   접속의 시대   180
   경험 경제의 시대   182

제5부 — 우리에게 과학은 무엇인가?

1 • 누구를 위한 기술인가   189

   확장되는 공동체   190
   과학기술과 윤리   192
   과학의 가치 중립성   194
   과학기술 포퓰리즘   197

2 • 왜 한국에는 노벨 과학상이 없을까   201

   성장주의와 권위주의   202
   정답을 강요하는 사회   206
   노벨상을 위한 토양   209

3 • 인문학과 과학기술   211

   결국 지향점은 인간이다   213
   인문학은 왜 중요한가?   216

제 1 부

과학혁명의 역사

● "최종적인 계산 결과가 얻어진 것은 새벽 3시경이었다. 에너지보존법칙은 모든 항에서 만족되었고, 몇 시간 내로 전체가 드러날 양자역학은 수학적으로 모순이 없고 완결된 것임을 확신할 수 있었다. 그 순간 나는 너무나 놀랐다. 표면적인 원자 현상의 뒤편에 숨어 있는 아름다운 근원을 들여다본 느낌이었다. 자연이 그 깊은 곳에서 내게 펼쳐 준 충만한 수학적 구조를 헤아리고 따라가면서 나는 거의 현기증을 느낄 지경이었다. 나는 너무나 흥분해서 잠자리에 들 수가 없었다."

– 베르너 하이젠베르크, 《부분과 전체》 중에서

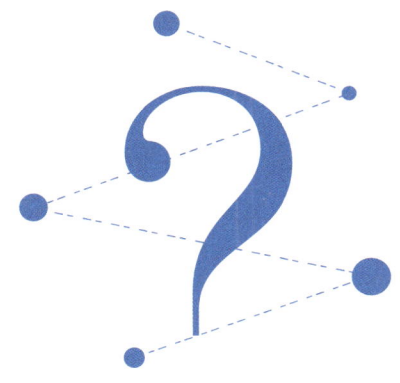

퀀텀 점프

1

"과학은 혁명을 통하여 진보하고 있다. 예전의 지식을 대체하는 것이 아닌, 무지(無知)를 대체하는 방식으로 과학의 역사는 진행되었다."

• 토머스 쿤

과학은 언제 처음 시작되었을까? 자연의 원리와 법칙에 처음으로 궁금증을 갖게 된 시기는 고대 그리스 시대라 할 수 있다. 사물의 근원, 운동법칙, 물질의 변화, 우주론 등을 다룬 아리스토텔레스B.C. 384~B.C. 322의 저서《자연학Physica》은 인류 최초의 과학서로 손꼽힌다. 하지만 기원후 종교가 중심이 되는 시대가 천 년 넘게 이어지자 순수과학은 극심한 침체기를 겪는다. 그러던 중, 16세기에 코페르니쿠스가 과학혁명의 기운을 싹트게 하면서 비로소 근대과학이 전개되기 시작한다.

코페르니쿠스적 전환

니콜라우스 코페르니쿠스1473~1543는 1543년《천체의 회전에 관하여》의 초판을 받아 본 직후 세상을 떠났다. 1년간 뇌출혈로 위중했던 코페르니쿠스는 죽음이 가까웠음을 예감하고는 책의 출간을 서둘렀다. 그런데 그 책의 원고는 이미 1530년에 완성되어 서랍 안에 고이 보관되어 있었다. 그가 책의 출간을 13년이나 미룬 이유는 무엇이었을까?

코페르니쿠스는 교회 신부였지만 세속 학문으로 여겨지던 천문학에 깊이 빠져 있었다. 오랜 기간 별을 관측하면서, 그는 천동설로는 설명할 수 없는 이상한 움직임들을 발견하게 되었다. 예를 들면, 어떤 행성이 한쪽 궤도로 움직이다가 몇 달 후 반대쪽으로 방향을 바꾸거나 움직임과 멈춤을 반복하는 현상 등을 관찰한 것이다. 오랜 연구 끝에 코페르니쿠스는 지동설地動說이 행성의 움직임을 합리적으로 설명한다는 확신을 갖게 되었고, 그의 저서《천체의 회전에 관하여》에서 이를 공식

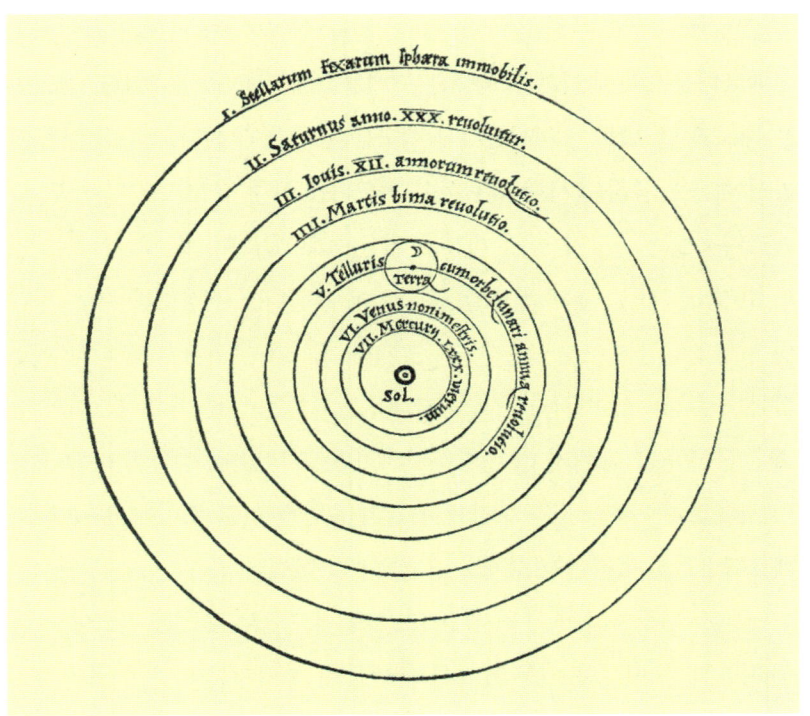

"어떤 신출내기 천문학자가 하늘, 해, 달이 아니라 지구가 움직인다고 주장하고 있다. 이 바보는 거꾸로 이해하고 있는 것이다. 성경에서 여호수아는 지구가 아닌 태양에게 멈추도록 명령했기 때문이다." _마르틴 루터

적으로 발표했다. 지동설은 기존의 지식과는 완전히 다른 혁명적 전환[1]이었다.

책의 서문에는 "지동설은 하나의 가설에 불과하다", "하나님이 창조하신 아름다운 천체의 움직임을 설명할 이론을 만들지 못한 기존의 철학자들이 원망스럽다" 등 조심스러운 표현들이 등장한다.

1 — 독일의 철학자 임마누엘 칸트(1724~1804)는 《순수이성비판》에서 인식의 근거를 객관에서 주관으로 전환했을 때 '코페르니쿠스적 전환(Kopernikanische Wendung)'이라는 표현을 처음 사용했다. 이후 혁명적인 패러다임 전환을 묘사할 때 많은 사람이 이 표현을 사용하고 있다.

왜 이렇게 조심스러웠을까? 중세 천 년을 이끌어 온 기독교 사회에서 코페르니쿠스가 제시하는 우주관은 매우 거슬리는 주장이었다. 천동설은 태양과 달, 별들이 24시간마다 지구를 한 바퀴씩 돈다고 주장했다. 따라서 이를 신봉하는 사람들은 우주의 크기를 아주 작게 보았다. 반면 코페르니쿠스는 지구가 매년 태양 주위를 돌고 있으며 별들의 위치는 거의 고정되어 있는 것처럼 보일 정도로 아주 멀다고 주장했다. 이는 하나님이 창조하신 피조물 즉, 지구의 크기와 가치가 우주에 비해 너무 왜소하다는 주장으로 비쳐졌다. 코페르니쿠스의 지동설은 가톨릭교회의 공격은 물론 종교 개혁자 마르틴 루터의 비난도 받았다. 상황이 이렇다 보니 코페르니쿠스는 죽는 순간까지 책의 출간을 미룰 수밖에 없었다. 코페르니쿠스적 혁명은 이렇게도 어렵게 이루어졌다.

코페르니쿠스가 세상을 떠난 뒤, 가톨릭교회의 강력한 탄압에도 불구하고 태양 중심의 천문 체계를 받아들이는 학자들이 속속 등장하기 시작했다. 갈릴레오 갈릴레이1564~1642가 발명한 망원경을 통해 반박할 수 없을 정도로 명백한 천문학적 자료들이 계속 생겨나자, 가톨릭교회의 태도도 서서히 변해 갔다. 논리적으로 명백한 사실을 계속 반박하다 보면 오히려 대중의 반감을 살 수 있었기에 교회는 차라리 신학과 과학의 영역을 분리하는 편을 선택했다.

엔트로피, 그리고 새로운 세계관

고대부터 중세에 이르기까지 사람들은 '영구기관永久機關'에 관심이

뜨거운 커피는 서서히 식는다. 일반적으로 사람들은 커피는 뜨겁고 주변의 공기는 차가우므로 커피의 온도가 내려간다고 설명한다. 그렇다면 반대로 커피가 주변 공기에 포함된 열을 빼앗아 더 뜨거워지는 것은 왜 불가능할까?

많았다. 자연과 가축의 힘을 빌리지 않고 스스로 움직이는 농기계나 탈 것을 만들 수 있다면 이 얼마나 멋진 일인가! 하지만 영구기관을 만들려는 시도는 모두 실패로 끝나고 말았다. 실패의 이유는 19세기 이후에 비로소 밝혀진다.

2 — 에너지는 형태만 변할 수 있을 뿐, 새로 만들어지거나 없어지지는 않는다. 열에너지, 운동에너지, 위치에너지, 화학에너지의 총량은 늘 일정하다.

3 — 열역학 제2법칙은 열 이동이 항상 엔트로피가 증가하는 방향으로 이루어진다는 법칙이다. S(엔트로피) = Q(열량)/T(온도)로 정의된다. 예컨대 온도 300°K의 차가운 물과 400°K의 뜨거운 물이 서로 접촉했다고 하자. 만약 10cal의 열량이 차가운 물에서 뜨거운 물로 이동한다면 $\Delta S = -\frac{10}{300} + \frac{10}{400} = -0.08$이 되어 엔트로피는 감소한다. 따라서 이런 일은 벌어지지 않는다. 만약 10cal의 열량이 뜨거운 물에서 차가운 물로 이동한다면 $\Delta S = +\frac{10}{300} - \frac{10}{400} = +0.08$이 되어 엔트로피는 증가한다.

물을 낙하시켜 발전기를 돌리고, 발전기의 전기를 이용해 다시 물을 퍼 올리는 방식의 영구기관을 만들지 못한 이유는 무엇일까? 이것은 열역학 제1법칙(에너지보존법칙)[2]과 관련이 있다. 물이 흐를 때 마찰이 발생하고, 펌프와 발전기가 움직일 때 소리와 열 등으로 에너지가 손실되기 때문이다.

바닷물이 가지고 있는 열량을 선박 안으로 유도한 뒤, 이 열을 이용하여 터빈을 구동하는 영구기관도 모색되었다. 그러나 루돌프 클라우지우스 1822~1888는 엔트로피라는 개념을 내세워 그런 영구기관을 만드는 것은 불가능하다고 설명했다. 열 이동은 항상 엔트로피가 증가하는 방향으로 이루어져야 한다. 쉽게 말해, 열의 흐름은 항상 뜨거운 곳에서 차가운 곳으로 흘러가야 한다. 이것이 열역학 제2법칙[3]이다. 바닷물에 포함되어 있는 열량을 이용하는 영구기관을 만들지 못한 이유도 바닷물보다 차가운 온도에서 움직이는 기관을 마련하지 못했기 때문이다.

그렇다면 왜 엔트로피는 항상 증가해야 하는 것일까? 왜 열은 뜨거운 곳에서 차가운 곳으로만 흐르는 것일까? 이 질문에 대한 답은 클라우지우스 세대 이후에 제시되었다. 오스트리아의 물리학자 루트비히 볼츠만1844~1906은 확률론의 시각으로 엔트로피를 정의했다. 엔트로피란 무질서도無秩序度이며, 모든 에너지는 질서 있는 상태(확률이 낮음)에서 무질서한 상태(확률이 높음)로 이동해 간다는 것이다.

도심 한가운데 카드 1,000장을 모두 앞면이 위로 올라오게 깔아 놓았다고 치자. 카드가 가지런하게 놓여 있다는 것은 엔트로피가 낮다는 사실을 의미한다. 시간이 지나면서 바람에 날리고 사람들의 발길에 채여 카드들은 점점 뒤집힌다. 시간이 충분히 지나면, 앞면이 위로 올라오는 카드가 대략 500장 정도, 뒷면이 위로 올라오는 카드가 대략 500장 정도가 된다. 각각의 카드가 뒤집히는 과정이 수없이 반복되면서 결국은 통계적으로 절반 정도가 앞면을 보이게 되는 것이다. 이처럼 엔트로피 증가의 법칙에 따르면 우주 안에서는 시간이 흐르면서 쓸모없는 것들과 무질서한 것들이 더 많아진다. 이를테면, 사회 곳곳에 흩어져 있던 젊은 남자들을 군대로 불러 모았을 때 엔트로피는 감소하는 듯 보인다. 그러나 군대를 유지하려면 사회적·경제적·문화적으로 더 많은 비용이 든다(무질서도가 높아진다). 도시를 건설하거나 가전제품을 생산하는 것은 언뜻 보기에 엔트로피가 감소하는 과정으로 보이지만, 이 과정에서도 우주 안에 엄청난 에너지가 흩어진다. 다시 말해, 엔트로피가 크게 증가한다.

엔트로피의 개념은 우주론이나 세계관에도 큰 영향을 미쳤다. 이 개념에 따르면, 초기의 우주는 엔트로피가 매우 낮은 상태였는데 시간이 지나면서 엔트로피가 끊임없이 증가하고 있다. 엔트로피는 지금도, 앞으로도 계속 증가할 것이며 어느 순간 더 이상 증가하지 않는 최댓값에 도달하게 된다. 이는 완전한 무질서 상태를 의미한다. 즉, 우주는 최종적으로 모든 곳의 온도가 동일해지고 모든 원자가 낱낱이 흩어져 가스를 이루는 상태가 된다는 것이다.

열역학 제2법칙은 역사관에도 영향을 미쳤다. 이 법칙에 의하면, 역사는 진보하고 과학은 질서 있는 세상을 만든다는 믿음은 오류에 불과하다. 질서가 만들어지는 이면에는 더 큰 무질서가 생겨나고 있기 때문이다. 물질과 에너지를 이동시키는 모든 행위는 엔트로피를 증가시킨다. 물질주의나 성장주의 패러다임은 엔트로피의 증가를 더욱 가속화시켜 궁극적 무질서에 더 빠르게 접근하게 만든다.

디지털 코드로 구성되는 생명

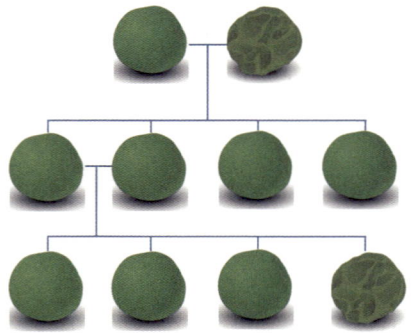

순종의 둥근 콩과 주름진 콩을 교배시키면, 다음 대에는 100% 둥근 콩만 나타난다. 그런데 이렇게 얻어진 둥근 콩끼리 교배시키면, 다음 대에는 둥근 콩의 비율이 75%로 나타난다.

과학자들은 오래전부터 자식이 부모의 특징을 닮는 이유와 원리를 밝혀내고자 했다. 좀 더 세부적으로 두 가지의 질문을 제기했다. 첫째, 생명체가 지니고 있는 형질을 결정하는 설계 도면은 우리 몸 어디에 존재하는가? 둘째, 부모의 형질은 어떤 경로로 자식에게 전달되는가? 이러한 심오한 질문과 관련해 처음으로 귀중한 단서를 포착한 사람이 바로 오스트리아의 성직자 그레고어 멘델1822~1884이다. 수도원 정원에서 완두콩을 관찰한 멘델의 혜안은 현대 분자생물학과 DNA 이중나선 구조를 밝히는 역사적 출발점이 되었다.

멘델은 둥근 콩의 비율이 대략 75%로 나타난다는 사실이 무척 의아했다. 왜 50%가 아닌 75%였을까? 멘델은 콩의 재배 개채 수를 더 늘려 보았는데, 둥근 콩의 비율은 더 정확하게 75%로 수렴되었다.[4] 이는 하나의 생물체가 나타내는 여러 유전형질의 설계도가 생물체 안에 심겨 있으며 디지털적으로 결합된다는 것을 의미했다. 멘델의 발견은 당대 학계에서 전혀 인정받지 못했고 시간이 지나면서 점차 잊혔다.[5] 그러나 다행히도 20세기 이후 DNA의 구조가 발견되면서, 멘델의 업적은 재조명되었고 그의 발견은 현대 유전학의 견고한 기초가 되었다.

4 — 둥근 S 유전자와 주름진 R 유전자가 있을 때, 순종의 둥근 씨는 SS 유전자형을 가지며 순종의 주름진 씨는 RR 유전자형을 갖는다. SS와 RR이 결합하면 다음 대에는 SR 유전자형이 만들어진다. SR 유전자형이 서로 결합되면 SS, SR, SR, RR 이렇게 네 가지의 유전자형이 만들어진다. 이 중에서 RR만이 주름진 씨가 되고, 나머지 세 종류는 둥근 씨가 된다(75%). SR 유전자에서 R은 무시되고 S만이 표현형으로 발현된다. 이때, S는 우성이라고 하고 R은 열성이라고 한다.

5 — 멘델의법칙은 1866년 체코의 자연과학회 연보에 두 편의 논문으로 개제되었다. 그러나 다윈이나 네겔리 등 당대 생물학자들은 멘델의 발견에 전혀 주목하지 않았다.

멘델의 발견은 그 자체로도 중요했을 뿐 아니라 접근 방법도 매우 과학적이었다. 1856년부터 7년간, 약 2만 8,000그루의 식물을 연구했는데, 실험 개체 수를 늘려 우연에 의한 효과를 없애고 통계적인 분석 방법을 취했다. 또 관찰 – 가설 – 실험 – 증명 – 이론으로 연결되는 과학적 탐구의 전형을 보여 주었다.

멘델의 발견 이후, 과학자들은 부모로부터 자식에게 유전형질을 매개하는 물질에 집중했다. 우선 학자들은 세포핵에 주목했다. 세포핵은 고분자 단백질로 구성되어 있어 복잡한 유전정보를 담기에 적합하다고 생각한 것이다. 이후 여러 학자의 연구와 발견을 통해 생명체의 형질(색깔, 형태, 크기 등)을 결정하는 설계 도면은 DNA 염기 서열로 구성되어 있다는 사실이 밝혀졌다. 이 염기의 종류는 네 가지(아데닌, 티민, 구아닌, 사이토신)이며, 염기를 구성하는 물질은 인산H_3PO_4과 디옥시리보스$C_5H_{10}O_4$이다. 부모의 피부색, 키, 음성 등 특징적 정보들이 화학물질 C, H, P, O을 소재로 하여 디지털 코드의 형태로 자손에게 물려진다는 놀라운 사실이 밝혀진 것이다.

퀀텀 점프

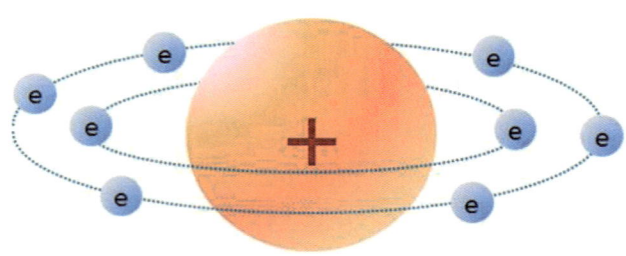

물리학자 보어가 밝힌 원자의 구조이다. 중심부에 양성자가 위치하고 그 주위에 전자가 궤도운동을 한다. 전자는 보통 정해진 궤도를 따라 회전하는데, 때로 다른 궤도로 점프할 수도 있다.

"우주 만물을 구성하는 기본 물질은 무엇일까?" 이 물음은 기원전부터 제기되었다. 고대 그리스의 철학자 탈레스 B.C. 624?~B.C. 546?는 만물의 근원을 '물'이라고 생각했다. 이후 엠페도클레스 B.C. 490?~B.C. 430?

는 세상의 모든 물질이 물, 공기, 불, 흙이라는 네 원소의 조합으로 이루어져 있다는 4원소설을 주장했다.

2천 년의 세월이 흐른 뒤, 영국의 과학자 존 돌턴1766~1844은 실험을 통해 중요한 사실을 발견했다. 여러 가지 화합물의 무게를 측정하다가, 주석Sn과 산소O의 화합물은 단 두 가지 형태, 즉 SnO와 SnO_2로만 존재한다는 것을 알아냈다. 다시 말해, 세상 만물은 더 이상 쪼갤 수 없는 원소의 조합으로 이루어졌다는 것이다. 이후 돌턴은 수소H, 산소O, 탄소C, 황S, 나트륨Na, 금Au 등 20여 종의 원소를 발견했다.

원자에 관한 연구는 덴마크의 물리학자 닐스 보어1885~1962에 의해 일대 전환을 맞는다. 보어는 원소 분광법에서 나타나는 선 스펙트럼에 주목했다. 수소를 비롯한 기체 원소를 고전압 조건에서 방전시키면 특정 파장의 선 스펙트럼이 나온다. 이는 원자 내부에 전자들이 궤도운동을 하고 있고, 이 궤도는 불연속적으로 구성되어 있다는 것을 의미한다. 수소 기체에서 발생하는 선 스펙트럼은 전자들이 궤도를 전이할 때 발생한다. 다시 말해, 전자들이 정해진 궤도를 운행하다가 다른 궤도로 이동하려면 정해진 높이만큼 점프[6]를 한다는 것이다. 보어의 발견은 하이젠베르크와 슈뢰딩거를 거쳐 양자역학[7]으로 발전했다.

보어의 발견 이전에는 세상의 질서가 아날로그적으로 이해되었다. 과학자들은 모든 에너지와 물질이 부드럽게 연결되어 있다고 믿었다.

6 — '퀀텀 점프(quantum jump, quantum leap)'는 전자가 양자화된 궤도 사이에서 불연속적으로 이동하는 현상을 말한다.

7 — 원자구조에서 가장 안쪽 전자의 회전 반경은 0.53옹스트롬(Å)인데, 외각 전자들의 회전 반경은 이것의 정수배로 나타난다. 즉, 그 다음 전자의 회전 반경은 1.06옹스트롬 또는 1.59옹스트롬 등이 된다. 이처럼 어떤 물리량이 연속값을 취하지 않고 어떤 단위량의 정수배로 나타나는 경우, 이를 '양자(quantum, 量子)'라고 하며 이를 다루는 역학을 '양자역학'이라고 한다.

1부 · 과학혁명의 역사

그러나 양자역학은 만물의 실체가 그렇지 않다는 것을 보여 준다. 자연계는 외견상 아날로그적으로 보이지만, 원자의 구조, 빛의 성질, DNA 유전자의 구성 등은 모두 디지털적인 형태를 띠고 있다. 오늘날 불연속적인 도약을 뜻하는 퀀텀 점프는 경제학이나 사회학 등 타 학문 분야에서도 종종 쓰이고 있다. 경제학에서는 기업이 혁신을 통해 단기간에 비약적으로 실적이 호전되는 경우를 나타내는 용어로 사용된다.

과학혁명의 구조

인류는 고대로부터 과학을 가장 이성적이고 객관적이며 합리적인 학문의 전형으로 여겨 왔다. 다른 학문들도 때로 과학적 접근 방법을 모방했으며, '과학화'라는 말은 체계화 또는 진보라는 의미로 해석되기도 했다. 그렇다면 오늘날 과학책이 담고 있는 지식들은 인류 역사를 통해 축적된 이성적이고 합리적인 지식들의 총체로 보아야 하지 않을까? 하지만 토머스 쿤1922~1996은 그의 저서 《과학혁명의 구조》를 통해 전혀 다른 견해를 제시했다. 과학의 발전은 점진적이거나 누적적으로 이루어지는 것이 아니라, 혁명처럼 단절적이고 비연속적으로 이루어지며 그 과정에는 일정한 구조가 있다고 주장했다.

쿤은 하버드대 학부에서 물리학을 전공했으나, 이후 대학원에서는 과학사 및 과학철학 분야에 몰입했다. 아리스토텔레스, 갈릴레오, 뉴턴 등 자연 철학자들의 원전을 주의 깊게 읽으며 몇 가지 혜안을 얻었다. 원전에서는 아리스토텔레스의 운동법칙이나 프톨레마이오스의 천동설

등 현대물리학의 관점에서 보면 터무니없는 오류들이 매우 합리적이고 이성적인 접근 방식을 통해 제시되고 있었다. 또 갈릴레오의 지동설, 뉴턴의 운동법칙 등은 단순히 기존의 지식을 기반으로 한 단계 발전하거나 오류를 교정하는 정도가 아니라, 개념적 변혁을 포함하고 있다는 사실을 발견했다. 이로부터 쿤은 과학혁명의 구조에 관한 기본 개념을 다음과 같이 설명했다.

8 ─ 그리스어 '파라데이그마(paradeigma)'에서 유래했으며, 법률 용어로서 '판례', 언어학에서 '표준꼴' 등의 의미로 사용되고 있었다. 토머스 쿤은 《과학혁명의 구조》에서 패러다임을 '한 시대를 지배하는 과학적 인식, 관습, 관념, 가치관 등이 결합된 총체적 틀 또는 개념의 집합체'라는 의미로 사용했다. 오늘날 이 개념은 자연과학뿐 아니라 다른 학문 분야에서도 널리 사용되고 있다.

❶ **미성숙 과학**(pre-science): 새로운 과학적 발견 가운데 아직 평가가 이루어지지 않았거나 경쟁 그룹 사이에 합의가 이루어지지 않은 과학적 문제를 미성숙 과학이라고 보았다.

❷ **패러다임**(paradigm)[8]: 어떤 과학적 문제에 다양한 접근이 이루어지면서 어느 정도 기간이 지나면 전체 과학자 집단은 공통적으로 인정하는 모범적 틀에 관해 하나의 합의를 이룬다. 쿤은 이를 '패러다임'이라고 규정하고, 과학을 '패러다임에 기반을 둔 공동체적 활동'이라고 보았다.

❸ **정상과학**(normal science): 특정 과학 분야에서 하나의 패러다임이 형성되면, 과학자 공동체는 패러다임 안에서 평온하게 연구 활동을 수행한다. 패러다임은 과학자들에게 다양한 문제를 다루고 해결하는 방법을 제시한다.

❹ **변칙 현상**(anomalies): 정상과학의 패러다임은 대부분의 문제를 해결하지만, 간혹 기존의 패러다임으로 설명할 수 없는 변칙 현상들이 발견된다.

❺ **위기**: 변칙 현상들이 자주 일어나고 과학자 사회 전반이 일련의 변칙들을 설명하기 위해 과학의 기본 틀까지 변경해야 한다고 생각하면, 그때 과학은

위기 국면에 들어간다. 일부 과학자들은 변칙 현상들을 설명할 수 있는 새로운 패러다임을 제시한다.

❻ **과학혁명**: 위기 국면에 신구 패러다임이 경쟁하고 마침내 새로운 패러다임이 받아들여지는 것을 과학혁명이라고 한다. 이때 과학적 요소뿐 아니라 철학, 제도, 사상적 요소들이 중요한 역할을 하기도 한다. 과학의 역사는 지식의 축적이 아니라, 과학계가 채택하고 있는 패러다임의 변화(paradigm shift)이다.

쿤의 이론은 전통적인 과학관에 일대 충격을 안겨 주었다. 많은 과학자가 그의 이론에 대부분 공감했고 새로운 영감을 얻기도 했다. 앞으로 전개될 과학 발전 과정을 예측할 때도 쿤의 이론은 상당히 참고할 만하다. 그럼 몇 가지 중요한 점을 짚어 보자.

가장 중요한 것은 패러다임의 공약불가능성公約不可能性이다. 앞서 살펴보았듯이, 쿤은 과학 발전이 패러다임의 전환에 의해 일어나고 그 과정은 혁명적이라고 했다. 과거의 패러다임과 이를 대체하는 현재의 패러다임은 완전히 이질적이다. 따라서 공통적 개념이나 척도 자체가 부재할 뿐 아니라 상호간에 비교할 수도 없다. 이러한 상태를 쿤은 '공약불가능성'이라고 불렀다. 가령, 만물의 근원이 물이라고 주장한 탈레스의 이론과 돌턴의 원자론은 완전히 이질적이고 공통점이 없다. 뉴턴역학과 양자역학은 서로 충돌하지도 않고 다루는 대상과 방법이 전혀 다른 과학이다. 과거의 과학과 현대의 과학은 중요하게 여기는 부분과 해결하려는 과제가 같지 않다. 이런 관점에서 쿤은 과학이 일방적으로 성장하고 있다거나 현재의 과학이 더 우월하다고 생각하는 것은 적절치 않다고 주장했다. 그래서 교과서 또는 총설 논문review paper 등이 과학 연구에 방해가 될 수 있다는 점을 지적했다. 특히 과학 교과서는 시대별로 과학 연구가 가지는 의미를 종종 부정확하게 전달한다고 생각했다.

9 — 구글 학술 검색에 의하면, 《과학혁명의 구조》는 20세기에 출판된 책과 논문 가운데 가장 많이(6만 회 이상) 인용되었다. 한 권의 책이 역사와 세계관에 얼마나 큰 영향을 미칠 수 있는지 보여 주는 책이다. 한편 쿤의 과학철학을 받아들이지 않는 학자들도 많은데, 대표적으로 칼 포퍼(1902~1994)는 쿤의 주장이 상대론적 심리학에 치우쳐 있으며 반증 원리에 기초한 실증주의 논리를 따라야 한다고 주장했다.

쿤 이전의 과학철학은 자연에 절대적 진리가 존재하며 과학은 이를 찾고 증명하는 연속적인 도전 과정이라고 보았다. 하지만 쿤은 과학자들의 연구를 결정하는 패러다임은 과학자 공동체에서 만들어 낸 것이지, 자연에 실재하는 것은 아니라고 주장했다. 이는 과학 활동이 자연에 존재하는 진리를 발견한다고 주장하는 실증주의와 완전히 반대된다. 과학 활동도 사회적 성격을 띠고 있다고 주장하는 쿤의 이론은 오늘날 인문·사회과학 분야에도 큰 영향을 미치고 있다.[9]

세상 만물은
어디에서 왔을까

2

뉴턴에서 비롯된 근대과학을 통해 우리는 거시계[10]의 질서를 어느 정도 이해할 수 있게 되었다. 또 20세기 이후 양자역학과 상대성이론을 통해 미시계를 어렴풋하게나마 파악하게 되었다. 물론 아직도 베일에 감추어져 있는 부분이 적지 않다.

10 ── 물리학에서 거시계(macroscopic)는 인간의 감각으로 식별할 수 있는 큰 물체의 움직임을 가리키며, 아날로그적 특성을 띠고 있다. 반대로 미시계(microscopic)는 원자 수준의 세계를 의미하며, 디지털적인 속성을 보인다.

나는 어떻게 우주 안에 존재하게 된 것일까?

"정말 불가사의한 것은, 이 세상과 만물의 이치가 아니라 세상이 존재한다는 것 그 자체이다."

– 루트비히 비트겐슈타인

아침에 일어나 허리가 뻐근함을 느끼거나 식탁에서 가족들과 대화를 나눌 때 '나'라고 하는 실체가 우주 안에 존재하고 있음을 깨닫는다. 집을 나서면서 차가운 공기를 마시고 손에 든 가방이 무겁다고 느낄 때면, 이 세상에 공기가 존재하고 지구에는 중력이 작용한다는 사실을 직감적으로 인지한다. 그런데 '나'라는 실체는 어떻게 해서 이 우주 안에 존재하게 된 것일까? 그리고 지구와 우주 만물은 왜 생겨났을까? 가장 근본적이면서도 답을 얻기 어려운 질문이다.

우주의 기원과 관련해 인류가 발견한 첫 번째 힌트는 우주가 계속 팽창하고 있다는 사실이다. 1929년 미국의 천문학자 에드윈 허블$_{1889\sim1953}$은 은하들의 후퇴속도가 거리에 비례해 늘어난다는 사실을 발견했다. 분광 스펙트럼으로 관측한 결과, 우리 은하계에서 1억 광년 떨어진 은하는 초속 3,000km, 10억 광년 떨어진 은하는 초속 3만 km로 멀어져 가고 있었다.

한편 천문학자 조지 가모브$_{1904\sim1968}$는 우주를 구성하는 원소의 대부분이 수소H와 헬륨He이라는 점에 주목했다. 우주가 시작되는 시점에 두 종류의 원소가 존재했을 가능성은 낮으며, 가장 가벼운 수소만 존재했을 것이다. 그렇다면 헬륨은 언제 어떻게 만들어졌을까? 수소가 헬

11 ― 1945년 가모브가 대폭발 이론을 처음 제시했을 때, 일부 학자는 "그렇다면 우주의 모든 물질이 과거의 어느 한순간에 '뻥(Big Bang)' 하고 만들어졌다는 말인가?"라고 비꼬았다. 이를 계기로, 그의 이론은 '빅뱅 이론'으로 불렸다.

륨으로 변환되는 수소 핵융합반응이 일어나려면 1000만 ℃ 이상의 엄청난 고온이 필요하다. 가모브는 위의 사실들을 종합해 '빅뱅 이론'[11]을 제시했다. 태초에 엄청난 고온을 동반하는 대폭발이 일어났으며, 폭발의 순간 많은 양의 헬륨이 생성되었고 그 이후 우주는 계속 팽창하고 있다는 이론이다. 허블의 우주 팽창 속도를 역산하면, 빅뱅에서 현재까지 오는 데 걸린 시간, 즉 우주의 나이는 약 137억 년이다.

허블과 가모브의 이론이 모든 궁금증을 해결해 주었을까? 아니, 여전히 궁금한 점이 많다. 가장 설명하기 어려운 부분은 우주를 만든 질량과 에너지의 근원이다. 게다가 빅뱅이 정말 일어났는지 여부도 확실치 않다. 빅뱅 우주론의 한계는 우주의 초기에 오직 수소만 존재했고, 우주의 팽창 속도는 항상 일정하다는 '가정'을 동원했다는 것이다. 하지만 태초에 수소와 헬륨이 동시에 존재했을 가능성도 배제할 수 없다.

현재 우주가 팽창하고 있다는 사실 자체도 의문에 싸여 있다. 설령 빅뱅 시점에 우주의 모든 질량이 한곳에 모여 있었고 이것이 거대한 폭발을 일으켰다 해도, 엄청난 인력에 의해 모든 물질은 다시 한곳으로 결집해야 한다. 그런데 모든 별 사이에 인력만 존재한다면 우주의 팽창을 설명할 수 없다. 이 문제를 해결하기 위해 '암흑 에너지dark energy'라는 개념이 도입되었다. 현재 우주 안에는 모든 물질의 중력을 합친 것보다 더 큰 반중력antigravity을 일으키는 팽창 에너지 즉, 암흑 에너지가 존재하는데, 이것이 우주를 팽창시키고 있다는 것이다. 말 그대로 어떤 것인지 아직 모르기 때문에 '암흑'이라고 부른다.

우주의 시작은 어떤 기적적인 특이성(singularity)이며, 인류가 구축한 과학 이론을 벗어나는 초과학적인 사건이다.

과학을 '자연의 원리나 법칙을 찾아내고 이를 해석하여 만들어진 보편적인 지식 체계'라고 정의해 보자. 그렇다면 뉴턴의 역학 법칙, 쿨롱의 전기역학, 다윈의 진화론, 파스퇴르의 생물속생설生物續生說[12] 등은 과학에 부합한 사례라 할 수 있다. 과학은 세상에 존재하는 여러 가지 질서와 현상에 관해서 어느 정도 설명해 준다. 그러나 우주의 탄생과 관련해서

12 — 생물이 발생하려면 반드시 그 어버이가 있어야 한다는 이론이다.

13 — 절대 능력을 가진 창조주에 의해 우주와 만물이 지능적으로 설계되었다는 이론이다.

14 — 대표적인 무신론적 생물학자인 리처드 도킨스는 저서 《만들어진 신》, 《이기적 유전자》 등을 통해 유신론적 우주론을 맹렬히 비판했다.

는 과학에 커다란 딜레마가 존재한다. 현재 자연이 존재하고 있다는 사실은 생물속생설과 정면충돌한다. 루이 파스퇴르1822~1895에 따르면, 지금 이 순간에 우주 만물이 (공간과 시간까지 포함하여) 존재하지 않고 완전한 무의 상태만 존재하는 것이 과학적 패러다임에 부합한다. 따라서 현재 우주와 만물이 존재하고 있다는 사실 자체가 이미 과학의 범주를 넘어섰다고 볼 수 있다. 현재 나를 구성하는 질량 60kg의 물질들은 100년 전 혹은 1,000년 전에는 어디에 있었을까? 궁극적으로 어디에서 생성된 물질일까? 이 질문에 대한 과학적인 답을 구하는 것은 구조적으로 불가능하다.

우주의 창조라는 주제에 국한하면, 과학(무신론적 우주론)이든 종교(지적 창조론)[13]든 초과학적일 수밖에 없다. 전자는 빅뱅 이전에 벌어졌던 매우 비과학적이고 놀라운 기적적 사건을 믿는 믿음을 필요로 하고, 후자는 우주와 생명을 창조한 절대자의 존재를 믿는 믿음을 필요로 한다. 스티븐 호킹이나 리처드 도킨스[14] 같은 무신론적 우주론자들은 "조물주에 의해 우주가 만들어졌다면, 그분은 창조 이전에 무엇을 하고 계셨나?", "조물주는 어떤 과정에 의해 만들어졌는가?" 등의 질문으로 지적 창조론을 반박한다. 그렇지만 그들 역시 우주와 생명에 관한 과학적 패러다임을 제시하지는 못했다.

어느 날 불현듯 우주 안에 존재하게 된 '나'라는 존재를 생각해 보라! 소름 끼치도록 놀랍고도 심오하지 않은가? 어쩌면 이 수수께끼가 인간의 운명이나 목적과 관련이 있을지도 모를 일이다. 우리는 우주가 어떻게 시작되었는지 모른다. 아마도 영원히 알 수 없을 것이다. 인간은 우주를 설계한 주체가 아닌 한낱 피조물(또는 수동적으로 생성된 생명체)에 불과하기 때문이다. 아인슈타인, 하이젠베르크, 허블 등과 같은 과학자들도 우주와 미시 세계의 질서를 일부 탐색했지만, 우주의 기원에는 접근조차 하지 못했다.

15 — 스티븐 굴드는 이것을 '중첩되지 않는 교도권(non-overlapping magisteria, NOMA)'이라는 개념으로 표현했다.

고생물학자 스티븐 굴드는 과학과 종교 중에 어느 한 편이 우월한 것이 아니며 서로 다른 영역[15]을 다룬다고 보았다. 과학은 물질과 생명의 원리를 밝히는 것이며, 반종교적 활동이 아니다. 만약 세상을 창조한 신이 존재한다면, 과학법칙 역시 그분에 의해 만들어진 것이다. 과학 활동이 활발하게 전개될수록 조물주의 섭리는 더욱 드러날 것이다. 따라서 종교인들은 진화론과 빅뱅이론을 포함한 과학의 모든 영역에 대하여 열린 태도로 과학 활동을 권장해야 한다. 한편 과학자들도 종교를 비과학적이라고 매도해서는 안 된다. 우주의 창조, 생명의 기원 등에 관한 한 완성된 과학적 해석을 제시하지 못하고 있기 때문이다. 종교는 신에 관한 계시와 증거들을 해석하여 진리를 추구하는 것이며, 종교와 과학은 진리를 추구한다는 면에서 공통적이다. 상호 존중과 협력을 통하여, 과학과 종교 모두 더 깊어지고 완성될 수 있다.

물질의 본질은 무엇일까?

우주 만물을 이루는 물질의 본질은 무엇일까? 이는 고대 탈레스에

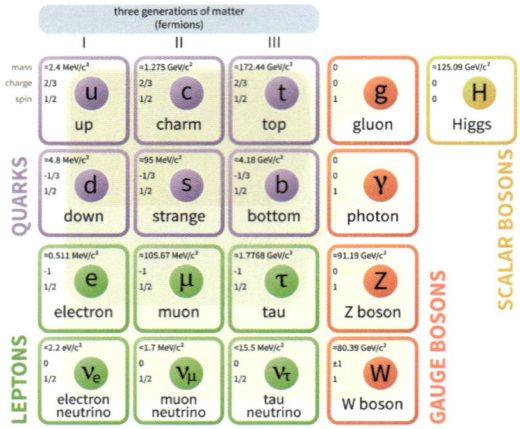

대표적인 표준 소립자를 나타낸 도표이다. 현재까지 발견된 소립자는 약 300종이며, 이들은 대개 위에 제시된 표준 소립자의 조합으로 이루어진다.

서 현대물리학에 이르기까지 가장 궁금해하는 질문이기도 하다. 물론 아직까지 만족할 만한 답은 나오지 않았다.

돌턴은 세상 만물을 구성하는 기본단위로 원소라는 개념을 제시했다. 이후 과학자들은 118종에 이르는 원소를 발견했으며 온 세상 만물이 이 원소들의 조합으로 구성되어 있다는 사실을 알아냈다. 예컨대, 물H_2O은 수소H와 산소O라는 원소의 결합으로 이루어져 있다는 식이다. 좀 더 시간이 지나서는, 원자는 핵과 그 주변을 돌고 있는 전자로 구성되어 있다는 사실이 밝혀졌고, 원자핵을 이루는 양성자와 중성자의 개수에 따라 118종의 원소가 결정된다는 점도 알려졌다. 즉, 우주를 구성하는 기본단위는 118종의 원소가 아니라 양성자와 중성자와 전자였던 것이다. 20세기 초반 알베르트 아인슈타인1879~1955이 빛이 '광자

photon'라는 입자로 이루어져 있다는 사실을 발견하면서, 사람들은 우주를 구성하는 가장 작은 입자를 광자, 전자, 양성자, 중성자 네 가지라고 생각했다.

16 — 소립자(素粒子, elementary particle)는 단위 입자를 뜻한다. 작은 입자(小粒子, small particle)가 아니다.

그런데 이상한 점이 있었다. 양성자는 여러 개의 양전하로 구성되어 있고, 양전하끼리는 서로 미는 힘이 작용한다. 그럼에도 양성자가 폭발해 버리지 않고 안정된 상태를 유지하고 있는 이유가 밝혀지지 않았다. 과학자들은 양성자 사이의 결합을 유도하는 더 작은 무엇인가를 찾기 시작했는데, 이런 과정에서 소립자[16]들이 발견되었다.

최근까지 수백 종의 소립자들이 발견되었고, 이러한 소립자를 구성하는 표준 모델이 있다는 사실이 서서히 밝혀졌다. 표준 소립자의 종류는 크게 쿼크quark, 렙톤lepton, 매개 입자gauge boson로 나눌 수 있다. 쿼크는 양성자와 중성자를 구성하는 소립자로 알려져 있다. 렙톤은 전자와 중성미자 같은 결합력이 약한 가벼운 소립자이다. 매개 입자는 쿼크와 렙톤의 작용에서 힘을 매개하는 입자이다. 또 글루온gluon은 쿼크 간의 결합을 일으키는 입자로 알려져 있다. 글루온의 작용으로 양전하 덩어리인 양성자가 폭발하지 않고 안정된 상태를 유지할 수 있는 것이다. 보손boson은 렙톤 사이의 결합을 매개하는 입자이다.

소립자 연구를 통해 그동안 원자의 기본단위로 여겨졌던 양성자와 중성자가 가장 작은 물질 단위가 아니라는 사실이 밝혀졌다. 그렇다면 쿼크, 렙톤, 매개 입자 등 세 가지 표준 모형이 우주 만물을 구성하는 기본단위일까? 소립자는 더 이상 쪼개지지 않을까? 이 역시 확실히 알 수 없다. 우선 이런 질문이 제기된다. 우주 만물을 구성하는 기본 입자가 왜 이렇게 많을까? 16가지 소립자가 부여받은 특성과 질서는 또 어디에서 생겨난 것일까? 이 모든 것을 이루는 근본적인 한 가지의 기본 입자가 있는 것은 아닐까? 그리고 소립자 표준 모형에는 중력과 관련된 요소가 하나도 없다. 물질 사이에 엄연히 존재하는 중력을 설명하려면 중력 요소가 포함된 소립자 모형이 필요하다. 이와 같은 이유들로 표준 모형은 우주 만물을 설명하는 궁극의 이론 혹은 최종 이론은 아닐 것으로 보인다. 최근에는 힉스Higgs 입자 모델이 연구되고 있다. 힉스 입자는 우주의 모든 공간에 채워져 있고 표준 소립자에 질량을 부여하는 입자로 알려져 있다. 그러나 자연 속에서는 관찰되지 않고 고에너지 입자 가속기를 통해서만 확인할 수 있다.

이제 서서히 시작되고 있는 소립자 연구는 마치 양파 껍질을 벗기는 것과도 같다. 입자가 작을수록 분해하는 데 더 큰 에너지가 필요하다. 따라서 거대한 가속기가 필요한데, 가속기의 규모에 따라 양파의 껍질을 벗기는 정도도 달라진다. 그렇다면 현대물리학이 양파의 심지에 도달했을까? 그렇지는 않은 것 같다. 어쩌면 영원히 도달하지 못할 수도 있다.

힘의 정체는 무엇인가?

문화인류학자 에드워드 홀1914~2009은 대인 관계에서 형성되는 거리를 몇 가지 유형으로 분류하면서, 일상의 사회적 거리를 1~3m로 제시했다.[17] 주차장에서 이웃집 사람을 만났을 때는 대략 2m 정도의 간격

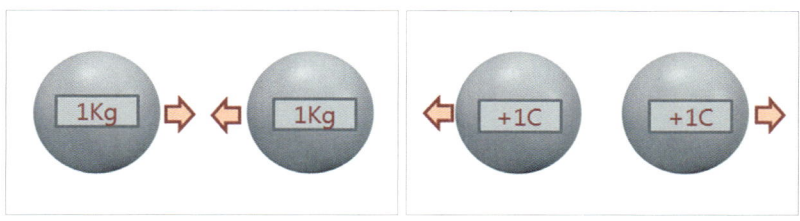

동일한 두 개의 질량체는 서로 당긴다(중력). 동일한 두 개의 전하체는 서로 민다(전기력). 이 당기고 미는 힘은 만물의 크기와 거리를 적당하게 유지시켜 준다. 전기력이 서로 당기는 힘이라면, 우주의 모든 물체는 하나의 점으로 수렴해 버릴 것이다.

을 두고 서로 인사를 건넨다. 왜 그 정도의 거리를 둘까? 이 거리는 미는 힘(충분히 알지 못하는 사람에게서 느끼는 도피반응)과 당기는 힘(이웃으로서 어느 정도 유대를 형성하려는 필요)이 균형을 이루면서 형성된 간격이다.

17 ─ 에드워드 홀은 대인 관계에서 두 사람 사이에 형성되는 거리를 공적인 거리(3~10m), 사회적 거리(1~3m), 사적인 거리(0.5~1m), 친밀한 접촉(밀착)으로 분류했다.

달은 지구로부터 40만 km 떨어진 위치에서 지속적으로 원운동을 하고 있다. 그런데 더 이상 가까워지거나 멀어지지 않는 이유는 무엇일까? 내가 사용하고 있는 볼펜의 길이는 15cm로 고정되어 있다. 그런데 힘을 가해도 길이가 변하지 않는 이유는 무엇일까? 천체들이 지속적으로 원운동을 할 수 있는 것은, 당기는 힘(만유인력)과 미는 힘(원심력)이 균형을 이루기 때문이다. 그렇다면 볼펜의 길이가 15cm로 일정하게 유지되는 이유는 어떻게 설명할 수 있을까?

물리적으로 완전히 동일한 두 개의 쇠구슬을 나란히 놓았다고 하자. 만유인력에 의해 두 쇠구슬은 서로 당기는 힘을 받게 될 것이다. 두 개의 쇠구슬에 각각 +1쿨롱(전하량의 단위)의 전하를 주입하면 어떻게 될까? 이번에는 두 개의 쇠구슬이 서로 미는 힘을 받게 된다(물리학자 쿨롱의 발견

18 — 중력(gravity)은 지구가 지표 근처의 물체를 당기는 힘을 말하며, 만유인력(universal gravitation)은 두 물체가 서로 당기는 일반적인 현상을 가리킨다. 편의상 만유인력과 중력을 같은 의미로 사용하기도 한다.

에 의하면, 같은 부호를 가진 전기 덩어리는 서로 밀게 된다). 모든 물체는 원자의 배열로 이루어져 있는데, 원자들 사이에서 전자궤도를 공유하려는 '당기는 힘'과 전자들이 전기적으로 반발하려는 '미는 힘'이 공존한다. 그 결과 세상에 있는 물체들은 크기와 형태가 일정하게 유지되는 것이다. 그렇다면 만유인력은 왜 당기는 힘으로만 작용할까? 같은 부호를 가진 전기는 왜 서로 미는 것일까? 이는 매우 풀기 어려운 수수께끼들이다.

먼저 중력[18]을 생각해 보자. 길 위에 서서 위로 힘껏 점프해 보라. 몸이 잠시 위로 떴다가 금방 땅으로 떨어진다. 이처럼 간단한 실험을 통해 지구의 중력이 존재한다는 사실을 알 수 있다. 세상의 모든 물체는 서로가 서로를 당기고 있다. 그 힘의 원천은 무엇일까? 왜 밀지 않고 당기고 있을까? 우리는 이 단순한 현상을 일상에서 매일 경험하고 있지만, 놀랍게도 그 이유는 아직 제대로 밝혀지지 않았다.

20세기 초, 중력의 의미를 깊이 탐구한 사람이 있었다. 아인슈타인은 일반상대성이론으로 '중력은 휘어진 시공간에 의한 힘'이라고 주장했다. 그는 '중력질량과 관성질량의 등가 원칙'을 강조했다. 다시 말해, 물체의 고유 질량과 물체의 가속 과정에서 발생하는 관성질량이 동등하다는 것이다. 예를 들면, 엘리베이터가 위로 움직일 때, 그 안에 타고 있는 나는 몸무게가 증가하는 느낌을 받는다(관성질량이 부가되었기 때문이다). 또 엘리베이터가 멈춰도 내 몸은 지구를 향해 끌리고 있다. 이것이 바로 중력이다.

아인슈타인은 지구상의 모든 물체가 가만히 정지해 있는 것처럼 보여도 실은 지구 중심에서 바깥으로 향하는 등가속도운동을 하고 있다고 생각했다. 그리고 이를 지구 질량에 의한 '시간과 공간의 휘어짐'에 따른 것이라고 보았다. 비유하자면, 지구라는 거대한 질량이 구덩이를 만들어 놓고 그 안으로 나를 끊임없이 당기고 있는 것이다. 만약 거대 질량을 가진 물체가 새로 생성되거나 없어지거나 움직이면 어떻게 될까? 시공간의 급격한 변화로 파동이 생겨날 것이다. 이것을 중력파[19]라고 한다. 이처럼 아인슈타인의 이론은 중력 현상을 나름대로 해석하고 있지만, 중력이 발생하는 원인까지는 제대로 설명해 내지 못했다.

19 — 아인슈타인이 예측한 중력파(gravitational wave)는 그가 죽은 뒤 100년이 지나서 실제 관측되었다. 미국 레이저간섭계중력파관측소(2016. 2. 11)와 유럽 중력파검출연구단(2015. 9. 14)은 블랙홀 2개가 자전하는 하나의 블랙홀로 합병되기 직전 0.15초간 발생한 중력파를 측정했다.

20 — loop quantum gravity(1988), conformal gravity, tensor-vector-scalar gravity(TeVeS, 2004), entropic gravity(2009), pressuron theory(2013) 등

이후 중력의 근원을 양자론으로 설명하려는 이론들이 등장했다. 대표적인 이론이 1930년대에 제기된 중력자graviton 이론이다. 중력자란 중력을 일으키는 가상적인 양자를 말하는데, 질량이 없고 광속으로 움직인다. 질량을 가진 모든 물체 사이에서 중력자가 교환되면서 중력이 작용한다는 것이다. 그러나 이 입자가 실제로 관측된 적은 없다. 초끈 이론super-string theory은 1970년대에 제기된 이론이다. 이 이론에 따르면, 궁극의 소립자는 1차원의 점 형태가 아닌 끈 형태로 되어 있다. 이 끈의 진동에 의해 양자역학의 여러 가지 특성이 나타나며, 중력을 매개하는 중력자도 끈의 진동에 의해 발생한다. 하지만 초끈의 존재가 확인되지 않아 초끈 이론도 여전히 가설에 불과하다. 이외에도 수많은 이론이 발표되고 있지만,[20] 중력의 근원을 제대로 설명해 주는 이론은 아직 나오지 않았다.

21 — N. V. Joshi, 'Mechanism for Electrostatic Repulsion or Attraction', "World Journal of Mechanics," Vol. 3, 1999, pp. 307~309

전기력의 근원도 제대로 밝혀지지 않았다. 왜 양전하와 양전하는 서로를 밀어내고, 양전하와 음전하는 서로를 잡아당기는 것일까? 18세기에 쿨롱이 이러한 현상을 밝혀냈지만, 그 메커니즘은 아직도 확실히 모른다. 1960년대부터 본격적으로 연구가 진행되어 오고 있는데, 제기된 가설 중 하나는 끈 이론 string theory이다. 끈 이론에 따르면, 전하에서 발생하는 끈의 집단적 진동이 전하의 종류에 따라 시계 방향 또는 반시계 방향으로 회전하면서 앞으로 나아간다. 양전하와 양전하가 만나면 진동파의 회전 방향이 상쇄적으로 간섭하여 반발하고, 양전하와 음전하가 만나면 진동파의 회전 방향이 보강적으로 간섭하여 당기게 된다.[21] 하지만 이 역시 가설에 불과하며 실험적으로 증명하지는 못하고 있다.

> "신이 우주를 창조한 것이 아니라면, 물질과 힘과 생명은 한 가지의 공통 법칙에서 파생되었을 것이다. 모든 것이 시작되었던 바로 그 순간에는 오직 한 가지만이 존재했을 것이기 때문이다."

우주에 존재하는 힘은 크게 쿼크(강력), 렙톤(약력), 중력, 전자기력 네 가지로 요약할 수 있다. 또 물질의 구성을 설명하는 소립자 표준 모델도 있다. 그렇다면 물질과 힘은 어떤 관계가 있을까? 우주 만물의 질서는 더 단순하지 않을까? 힘과 물질은 결국 하나의 근원에서 출발한 것은 아닐까? 이런 근본적인 물음에 대한 답으로 통일장이론이 연구되고 있다.

아인슈타인은 생애 후반기에 전자기력과 중력을 통합하는 통일장

이론 연구에 매진했다. 두 물체 사이에 발생하는 만유인력과 전기력의 크기는 모두 거리 R의 제곱에 반비례한다는 공통점이 있다. 통일이론이 가능할 것이라는 낙관론에도 불구하고, 결국 이 문제는 해결되지 않고 있다. 강력, 약력, 전자기력을 하나로 묶는 게이지이론도 연구되고 있다. 그러나 전자기력, 소립자, 중력을 통합하는 마지막 단계가 가장 어려울 것으로 예상된다. 소립자와 힘을 끈의 진동이나 막으로 해석하려는 초끈 이론과 막membrane 이론에 관한 연구도 진행 중이다. 우주에 존재하는 모든 종류의 힘과 물질의 구성 원리를 결합하려는 시도인데, '만물의 이론Theory of Everything'이라고도 불린다. 물론 지금 단계에서는 상상에 불과하다.

생명은 어떻게 생겨난 것일까?

> "사과나무는 우리에게 어려운 숙제를 던져 준다. 현대 물리학은 사과가 땅에 떨어지는 이유를 아직도 명쾌하게 설명하지 못하고 있다. 현대 생물학은 사과나무의 설계도를 제대로 파악하지 못하고 있으며, 사과나무를 인공적으로 합성하는 것은 상상조차 할 수 없다."

생명이란 무엇인가? 물질과는 어떻게 구분되는가? 생물학자 고바야시 겐세이에 따르면, '시간이 지나면 파괴되는 것'이 물질이고, '시간이 지나면 파괴되지만 그에 앞서 복제되기 때문에 겉보기에 파괴되지 않는 것처럼 보이는 것'이 생명이다. 생명현상에 의해 나의 피부는 닳

아서 해지지 않고, 나의 모습을 닮은 자손을 복제하기도 한다. 생명현상은 지극히 오묘하고 우주만큼이나 복잡하다. 생명은 태초부터 우연히 발생한 많은 화학반응이 겹쳐져서 만들어진 것일까? 아니면 누군가에 의해 이 세상으로 던져진 것일까?

앞에서 살펴보았듯이, 물질의 정체나 힘의 근원에 관한 현대 과학의 이해는 매우 부족하다. 생명의 기원에 관해서는 어떨까? 거의 무지에 가깝다. 파스퇴르의 닫힌 플라스크 연구를 통해 생물체가 자연적으로 발생할 수 없다는 사실이 밝혀졌다. 그렇다면 우주 안에서 생명체는 어떻게 생겨난 것일까? 이는 무신론적 우주관과 진화론을 믿는 사람들을 괴롭히는 딜레마이다. 물질에서 생명이 탄생하는 순간을 찾지 못하기 때문이다. 어쩌면 영원히 답을 얻지 못할 수도 있다.

1952년에 생명의 기원과 관련해 의미 있는 실험이 이루어졌다. 미국 시카고대학의 해럴드 유리와 스탠리 밀러는 산소를 제거한 플라스크에 메탄CH_4, 암모니아NH_3, 수소H_2를 넣고, 물을 끓여서 수증기H_2O가 들어가도록 했다. 그런 다음 실험관 내부에 전기 방전으로 플라스마 에너지를 공급하면서, 아래쪽에 고이는 물을 관찰했다. 물에는 글리신, 알라닌 등 아미노산과 유기물이 생성되었다. 이 실험은 원시대기의 상태와 같은 조건에서도 생명체의 구성 성분인 단순한 형태의 유기물이 합성될 수 있다는 사실을 보여 주었다. 하지만 유기물의 조합에서 다른 유기물이 만들어지는 과정을 관찰하는 것이었고, 아미노산의 존재만으로는 생명의 탄생을 설명할 수 없었다. 생명이 만들어지려면 단백질이 필요한데, 밀러 이후 동일한 조건에서 수없이 실험을 반복했지만 여전히 단백질을 합성하지 못하고 있다.

일부 학자는 생명의 기원을 바다에서 찾기도 한다. 화산활동이 이루어지는 심해에서 물, 산소, 황화수소 등이 열에 의해 결합하면서 초기 생명체가 발생했다는 것이다. 이러한 주장은 지금도 화산 활동이 이루어지는 심해에서 박테리아가 발견된다는 사실을 근거로 하고 있다.

생명체의 탄생 과정을 설명하려면 유기물에서 단백질이 만들어지고 단백질에서 유전자가 생성되는 과정을 밝힐 수 있어야 한다. 하지만 이러한 단계 사이의 간극은 깊고도 멀다. 생명체가 우연히 발생했다는 이론을 받아들인다고 해도, 생명의 복제를 위한 설계도(유전자)가 생명체 안에 만들어져서 그 설계대로 생명 복제가 이루어지는 진화의 단계를 찾는 것은 무척 어렵다.[22]

22 — 생화학자인 마이클 베히는 지적 창조론을 옹호하는 개념으로 '환원 불가능한 복잡성(irreducible complexity)'이라는 용어를 사용했다. 예컨대 생명체의 진화 과정을 역추적할 때, 생명 복제를 가능하게 하는 DNA의 구조는 너무 정교하고 의도적이어서 그 직전 진화 단계를 찾을 수 없다는 것이다.

23 — 이것이 바로 '환원 불가능한 복잡성'에 해당한다. 컴퓨터 소프트웨어는 매우 의도적이고 목적 지향적이어서 프로그래머의 능동적 행위에 의해 창조되는 것이며 자연 발생과 수동적 진화를 통해 만들어질 수 없다. 그러므로 동굴 안에서 발견된 노트북 컴퓨터는 자연 발생 및 진화를 통해 만들어진 것이 아니며 어떤 사람이 제조한 물건이라고 보아야 한다.

아프리카 동굴 안에서 1억 년 전의 것으로 추정되는 노트북 컴퓨터가 발견되었다고 하자. 토양 성분에 들어 있는 철과 실리콘 등이 지열에 의해 반응하여 반도체소자와 디스플레이 소자가 만들어지고, 이것이 컴퓨터가 되었다고 누군가 주장할 수도 있다. 그런데 그 컴퓨터 안에 윈도즈 프로그램이 설치되어 있다면 이것은 어떻게 설명할 것인가?[23] 현대 과학의 이해는 1952년 밀러가 행한 실험에서 멈추어 있다. 유기물의 존재에서 단백질은 어떻게 만들어졌는가? 생명의 암호인 DNA는 우주 안에서 어떻게 생겨난 것일까? 우리는 이 과정을 전혀 모르기에 매우 단순한 형태의 인공 세포나 인공 생명도 만들지 못하고 있다.

제 2 부

지구,
30년 후의 모습은?

● "영속적인 인류 평화를 보장하기 위해서는 과학기술의 틀을 근본적으로 재편성해야 한다. 첫째로 과학기술의 방법이나 도구는 값이 싸서 거의 누구나 손에 넣을 수 있어야 하고, 둘째로 작은 규모로 응용할 수 있어야 하며, 셋째로 인간의 창조력을 발휘하게 할 수 있는 것이어야 한다. 거대주의와 기계화로 모든 것을 해결할 수 없다. 대량생산(mass production)이 아니라 대중에 의한 생산(production by the masses)으로, 물질이 아니라 인간에게 주의를 돌려야 한다."

– 에른스트 슈마허, 《작은 것이 아름답다》 중에서

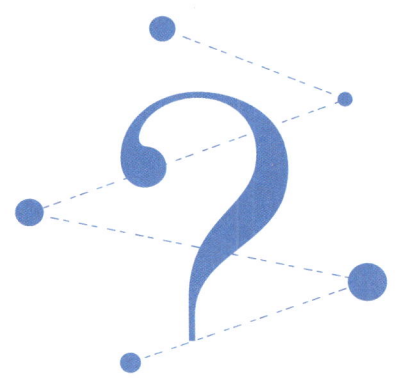

원자력 에너지, 필요악인가

원자력발전(發電)으로 저렴하게 전기에너지를 얻을 수 있다. 그러나 원전에 사고가 발생하면, 자연과 인간은 엄청난 피해를 입는다. 편익과 안전 사이에서 어떤 생법이 필요할까?

위험한 동거

　경상북도 경주시 양남면. 동해와 맞닿은 이 마을은 사시사철 날씨가 온화하다. 서쪽에는 비옥한 농경지가 있고, 동쪽에는 솔숲과 청정 해변이 펼쳐져 있는 아름다운 농어촌이다. 인근에 감은사지와 대왕암이 위치해 있으며, 신라 천년의 향기가 깃든 곳이기도 하다. 그런데 지금 이곳에는 월성 원자력발전소가 자리하고 있다. 원전이 건설되던 1980년대 초, 주민들은 '국가 발전에 기여할 전기 만드는 공장'이 들어온다고 생각해 기꺼이 원전을 받아들였다. 건설 호황도 제법 누렸다. 하지만 공사가 끝나고 인부들이 떠난 마을은 곧 적막해졌다. 그로부터 30여 년이 지난 지금, 이곳은 어두움의 그림자가 짙게 드리워져 있다.

　양남면 나아리는 원전을 끼고 있는 마을이다. 지금까지 이 마을에서는 많은 암환자가 발생했다. 2015년 나아리 주민들을 대상으로 한 조사에 따르면, 총 420가구 가운데 다양한 종류의 암환자가 속출했는데, 특히 갑상선암이 11명으로 가장 많이 나타났다. 주민 40명을 대상으로 하는 소변검사에서 모두 삼중수소가 검출되었고 평균 17.5베크렐의 농도를 보였다. 이 중에는 5세부터 19세까지의 아동·청소년도 9명이나 포함되어 있었다. 삼중수소는 월성 원전과 같은 중수로형 원전의 냉각수에서 누출되는 방사성물질이자 발암물질이다. 삼중수소는 자연계에 존재하지 않는 물질이다. 따라서 이것이 인체에서 발견되었다는 것은 물과 공기 등을 통해 몸 안으로 흡수되었다는 사실을 의미한다.

　지진에 의한 원전 사고 역시 걱정스러운 부분이다. 2016년 9월 12일 경주시 인근에서 진도 5.8의 강진이 발생했고, 이후에도 크고 작은 여

2004년 일본 니가타 현 지진(진도 6.8). 우리나라 원자력발전소 인근에서 진도 7 이상의 지진이 일어난 다면 원전 폭발 및 방사능 누출 사고가 발생할 수 있다. 100% 안전한 원자력발전소는 지구상에 존재하지 않는다.

진이 이어졌다. 이 때문에 인근에 위치한 월성 및 고리 원전을 두고 우려하는 목소리가 커지고 있다. 경주 및 부산 지역은 총 12기의 원전이 자리하여 면적 대비 원전 밀집도가 세계 1위이다. 우리나라 원전은 대체로 진도 6.5까지 견딜 수 있도록 설계되어, 그 이상의 강도로 지진이 발생하면 심각한 원전 사고가 일어날 수 있다. 낙관론자들은 원전 근처에서 진도 6.5 이상의 강진이 발생할 가능성은 거의 없다고 주장한다. 그렇지만 그 누구도 원전 사고의 가능성이 전혀 없다고 단언할 수는 없다. 언제 어디서든 큰 지진이 발생할 수 있다. 안전장치가 고장 날 수도 있고, 조작하는 직원이 실수할지도 모른다. 공학 기술과 안전 수준이 세계 최고인 일본도 2011년 후쿠시마 원전 사고를 당했다. 도호쿠에서 대지진이 발생하는 동시에 바다에서도 쓰나미가 일어났다. 예상치 못한 몇 가지 악재가 겹치면서 원자로가 폭발한 것이다. 이와 유사한 사고가 우리나라에서 일어나지 말라는 법은 없다.

"과거 원전 사고 가능성이 거론될 때 '원전은 절대 안전하다'고 외쳤던 것에 대해 뼈저리게 반성하고 있습니다."

– 도쿄전력 위기관리 담당자 오카무라 유이치

고리, 월성, 영광, 울진에서 생산된 전기는 대도시 주민들에게 공급된다. 전기를 공급받는 이들은 원전 주민들의 고통을 모르겠지만 원전의 위험은 전기를 타고 흐른다. 원전에서 좀 더 떨어져 있다고 해서 핵으로부터 멀어진 것도 아니다. 정도의 차이만 있지 우리는 모두 원자력발전소와 위험하고도 불편한 동거를 이어 나가고 있다.

우리 식탁 위의 방사성물질

전라남도 영광군. 수산자원이 풍부한 서해와 넓은 평야가 있어 어업과 농업이 두루 발달했던 지역이다. 오늘날 이곳에도 여섯 기의 원전(한빛 원전)이 자리를 잡고 있다. 원전은 많은 것을 바꾸어 놓았다. 솔숲과 넓은 백사장이 아름다웠던 가마미 해수욕장은 원전 온배수[24]의 영향으로 쇠락의 길을 걷고 있다. 온배수는 고창 – 영광 – 함평으로 이어지는 어장에 큰 피해를 입히고 있다. 곰소만 어장에서는 바지락 양식장의 종패(씨조개) 생산량이 급감하고 집단 폐사하는 현상이 나타나고 있다.

24 — 원자로 냉각수는 바다로 직접 배출되는데, 이를 '온배수'라고 한다. 배출 지역은 타 지역에 비해 수온이 7~10℃ 정도 높게 나타난다. 온배수는 다양한 화학약품이 포함되어 피부병 등을 유발한다고 알려져 있다.

영광군 칠산 바다에서 잡히는 조기는 그 유명한 영광 굴비가 된다. 지금도 법성포 일대에는 굴비 가공 공장이 많이 들어서 있다. 하지만 원전이 건설된 초기부터 '방사능 굴비'가 나올까 봐 우려가 컸다. 지역 주민들의 청원에 따라 '영광 원전'을 '한빛 원전'으로 이름을 바꾸기도 했다. 그렇다면 영광 굴비는 과연 방사능의 위험에서 안전할까? 영광 천일염도 안전할까? 간과하기 쉽지만 원전 온배수에 포함된 약품들도 해롭기는 마찬가지다. 국내 원전은 온배수에 다양한 첨가제를 넣는다. 일반적으로 멸균제인 차아염소산나트륨, 부유 물질 응결제인 황산알루미늄, 거품을 없애 주는 소포제 등을 사용하는 것으로 알려져 있다. 그런데 이러한 첨가물 대부분은 산업안전보건법, 화학물관리법, 폐기물관리법에 의한 규제를 받지 않는다. 배출 기준치가 없는 탓이다. 어패류가 약품들에 장기간 노출될 때 어떤 피해가 나타날까? 이에 관해서는 아무도 가늠하지 못하고 있다.

2011년에 발생한 일본 후쿠시마 원전 사고는 우리나라 식탁에까지 영향을 미치고 있다. 사고 당시 엄청난 양의 방사성물질이 방출되면서 바다와 대기가 광범위하게 오염되었다. 방사성물질은 편서풍을 타고 전 세계로 확산되어 미국, 유럽, 중국은 물론 지구를 돌아 우리나라에서도 검출되었다. 국내 전 지역에서 제논과 요오드 등 방사성물질이 검출된 것이다. 후쿠시마의 방사성물질은 지금도 계속 누출되고 있다.

2011년 일본 후쿠시마 원전 사고에서 유출된 방사능 물질의 양은 1945년 일본에 투하된 원폭에서 생성된 양의 100배가 넘을 것으로 추정되고 있다.

    2011년 후쿠시마 사고 이후, 인근 해역의 바닷물과 물고기에서 방사성 세슘이 다량 검출되었다. 도쿄 만에서는 끔찍한 기형 물고기들이 잡혔다. 방사능에 피폭된 물고기를 사람이 섭취하면 2차 피폭 피해가 나타난다. 보도에 따르면, 2011년 사고 이후 6년 동안 후쿠시마산 식품 407톤이 우리나라에 수입되었다. 중국과 대만 등은 일본 후쿠시마산 식품 수입을 전면 금지하고 있지만, 우리 정부는 방사능 검사를 전제로 수입을 허용하고 있다. 한국으로 반입하는 과정에서 방사능이 일부 검출되어 일본으로 반송되는 경우도 허다하다. 식약처에 따르면, 2011년부터 2016년 7월까지 일본산 수입 식품에 미량의 방사능이 검출되어 일본으로 반송된 사례는 187건, 총 200톤으로 집계되었다. 그렇다면 방사능 검사를 통과한 일본 식품은 안전한 걸까? 방사능 계측기의 측정 한계가 있으므로 방사능 피폭을 제대로 검출하지 못할 수도 있다. 따라서 방사능 피폭 식품의 잠재적 위험은 누구도 섣불리 단정할 수 없다.

북한 핵무기가 서울에 투하된다면?

1945년 8월 히로시마에 우라늄 원자폭탄, 나가사키에 플루토늄 원자폭탄이 투하되어 핵분열의 엄청난 위력이 세상에 알려졌다. 당시 원자폭탄의 파괴력은 20kt(TNT 2만 톤)이었다. 지금은 수소 핵융합 폭탄까지 나오고 있는데, 그 파괴력은 25Mt(일본 투하 원폭의 1,000배)에 이른다. 제2차 세계대전 이후 미국과 소련을 중심으로 세계열강은 경쟁적으로 핵무기를 개발하고 생산해 왔다. '맨해튼계획'[25]의 책임자였던 로버트 오펜하이머는 핵무기의 성격을 다음과 같이 정의했다. "서로를 죽일 능력이 있지만 상대를 죽이면 자신의 목숨도 내놓아야 하는, 한 병 속에 들어 있는 두 마리의 전갈과도 같다." 즉, 핵무기가 초래할 '세상의 종말'을 모든 나라가 확실히 알기 때문에 강대국 사이의 전면전이 억제될 것이라는 말이다. 1945년 이후 지금까지 핵무기가 사용되지 않았다는 사실은 이 논리의 타당성을 뒷받침해 준다.

25 — 1942년부터 미국은 맨해튼계획(Manhattan project)이라는 이름으로 원자폭탄을 개발했다. 오펜하이머, 페르미를 비롯한 세계적인 물리학자들이 다수 참여했으며, 1945년 세계 최초의 원자폭탄을 개발해 일본에 투하했다.

"제3차 세계대전에서는 어떤 무기를 사용할지 알 수 없다. 하지만 제4차 세계대전에서는 돌과 곤봉으로 싸우고 있을 것이다."

— 알베르트 아인슈타인

앞으로 전개될 인류 역사에서 핵무기 사용이 억제될 수 있을까? 일단 핵을 보유한 5대 강국이 핵무기를 사용할 가능성은 희박해 보인다. 냉전 시대에는 강대국 간 오인에 따른 우발적 핵전쟁의 가능성도 있었지만, 오늘날은 그 가능성이 현저히 낮다. 중동 국가들이 핵무장을 할 경우, 중동과 이스라엘 사이에 전술적 핵전쟁이 일어날 수도 있다. 한편, 불량 국가 또는 테러 조직이 핵무기를 제조해 사용할 가능성이 점점 높아지고 있다. 이제는 핵무기 제조 기술을 어렵지 않게 입수할 수 있기 때문이다. 우리에게는 북한 핵무기가 현실적인 위험으로 다가온다. 현재 북한은 5~20기의 핵무기를 보유하고 있는 것으로 추정된다. 북한의 벼랑 끝 전술이 미국의 세계정책과 충돌할 경우, 또는 남북한의 국지전이 촉발되고 이것이 급속히 확대될 경우 등을 상상해 보면, 북한 핵무기가 남한에 투하될 가능성이 전혀 없다고 단정하기 어렵다.

북한이 보유한 20kt급 핵무기가 서울에 투하되면 어떤 일이 벌어질까? 핵무기의 위력은 상상을 초월한다. 핵폭발이 발생했을 때 가장 먼저 강력한 섬광과 뜨거움을 접하게 된다. 마치 태양이 서울 시내에 떨어진 느낌이 들 것이다. 핵폭발에 노출된 사람은 그대로 탄소 덩어리가 되어 버린다. 폭발 몇 초 후, 강력한 폭풍이 일어난다. 폭발 위치에서 가까운 곳에 있는 모든 건물은 모래알처럼 부서지고, 수십 km 떨어진 곳도 유리창이 모두 파손된다. 다시 말해, 반경 2km 이내는 완전 초토화되고, 반경 6km 이내의 건물들은 반파 이상의 피해를 입게 된다. 투하 즉시 수만 명의 사망자가 발생할 수 있다. 핵무기 투하 이후 며칠에 걸쳐 방사능 낙진이 발생해 토지와 대기가 광범위하게 오염된다. 방사능 피해로 단기간에 수십 만 명의 사망자가 발생할 수도 있다.

26 ― 1,000watt의 전력을 1시간 동안 공급한다는 것이다. 이는 소형 전기난로를 1시간 사용할 때 필요한 양에 해당한다.

27 ― 원전의 경우 핵연료가 직접 배출하는 이산화탄소는 없고, 발전소를 건설하거나 운용하는 과정(예컨대 핵연료를 농축하는 공정)에서 미량의 이산화탄소가 발생한다. 풍력과 태양력은 태양전지나 모터를 제조하는 공정에서 이산화탄소가 꽤 발생한다.

원자력 에너지, 피할 수 없는 선택인가?

원자력 에너지는 극단적인 양면성을 가진 묘한 존재다. 극도로 위험하지만, 한없이 편리하고 경제적이기도 하다. 원자력발전은 몇 가지 매력적인 특징을 지니고 있다. 우선, 매우 싼값에 전기를 얻을 수 있다. kWh[26]당 발전 원가를 살펴보면 원전이 50원, 석탄 60원, 액화천연가스 LNG는 110원으로 원전이 가장 저렴하다. 또 원자력발전은 석탄이나 가스를 연료로 사용하는 화력발전에 비해 이산화탄소 배출이 극히 적다. 생산 전력 1kWh당 발생하는 이산화탄소 양을 보면, 석탄 발전 880gr, LNG 발전 480gr, 태양광발전 53gr, 풍력발전 29gr에 비해 원자력발전은 22gr 정도로 가장 적다.[27]

특히 우리나라가 원자력발전에 매력을 느끼는 이유가 있다. 준국산 에너지이기 때문이다. 2015년 기준으로, 우리나라의 화석연료(원유, 석탄, 가스) 수입액은 약 170조 원인데 비해 핵연료 수입 비용은 약 0.9조에 불과하다. 총 에너지 수입의 0.5% 정도에 지나지 않는다. 원전에서 생산하는 전력 원가에서 핵연료가 차지하는 비중도 10% 정도로 매우 적은 편이다. 원자력발전에서 부가가치의 90%를 차지하는 시설 및 운영에 관한 부분은 거의 국산화되어 있으므로, 핵에너지는 준국산 에너지로서 매력이 있다. 따라서 원자력발전이 현실적으로 피할 수 없는 선택이라고 보는 사람들도 있다.

그런데 현재 전 세계에서 원전을 운용하는 나라는 30개 국가밖에 안 된다. 이 중에서 OECD 가맹국은 18개국이다. 이탈리아, 덴마크, 뉴질랜드, 오스트리아 등 많은 나라가 원전을 운용하지 않는다. 체르노빌 원전 사고 이후 세계적으로 탈원전 경향이 강하게 나타나고 있다. 대표적으로 이탈리아와 오스트리아는 국민투표를 통해 기존의 원전을 모두 해체하고 새로운 원전을 건설하지도 못하게 했다. 독일, 스위스 등은 현재 가동 중인 원전만 수명이 다할 때까지 운영하고 신규 원전 건설은 포기하는 정책을 택했다.

그렇다고 지구상에서 원전이 단기간에 사라질 것 같지는 않다. 원자력 에너지의 잠재적 위험성을 고려하면 원전을 완전히 포기하는 게 바람직하지만, 현실적인 한계가 분명히 존재하고 국가별로 그 정도의 차이가 심하다. 최근 미국은 스리마일 섬 원전 사고 이후 수립된 신규 원전 건설 중지 정책을 포기하고, 30년 만에 신규 원전을 건설했다. 영국도 18년 만에 새 원전을 건설했다. 그럼 한국은 어떤가? 독일처럼 원전을 완전히 폐쇄하는 방향으로 가야 하는가? 아니면, 미국이나 영국처럼 원전을 유지하는 방향으로 가야 하는가? 에너지 대부분을 수입하고 있는 현실에서 원전의 경제성을 포기하기는 어려워 보인다.

현재 국내 전력 총생산에서 원전이 기여하는 비중은 30% 정도이다. 이를 100%로 확대하면 어떨까? 미세먼지를 발생시키는 화력발전소를 모두 폐쇄할 수 있고, 각 가정과 기업에서 지불하는 전기 요금이 많이 저렴해질 것이다. 하지만 원전의 사고 가능성이 커지고 전력 생산 방법의 다중화가 이루어지지 않기 때문에 바람직하지는 않다. LNG 발전은 가장 청정하고 안전한 발전 방법이지만 발전 단가가 너무 비싸다.

안타깝게도 안전성, 미세먼지, 전기료 세 마리 토끼를 모두 잡을 방법은 존재하지 않는다. 결국 환경과 안전 문제를 동시에 해결할 수 있는 궁극적인 방법은 삶의 패러다임을 바꾸는 것이다. 일상에서 에너지를 적게 사용하고(작은 주택, 작은 자동차와 전자 제품 등을 사용) 산업구조를 에너지 절약형으로 개편하는 등 다양한 노력이 이어질 때 비로소 원전 폐기가 현실화될 것이다.

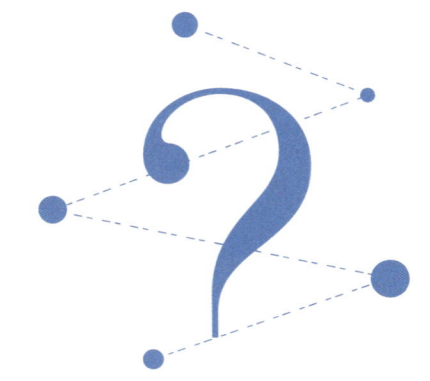

뜨거워지는 지구를 멈출 수 있을까

2

지구온난화는 더 이상 새로운 뉴스가 아닌, 당면한 현실의 문제가 되었다. 이는 21세기 인류 문명이 직면한 가장 중요한 논쟁이다. 무엇이 문제이며, 우리는 이 문제들을 해결할 수 있을까?

인도양의 아름다운 섬나라 몰디브는 앞으로 수십 년 안에 지도상에서 사라질 위기에 처해 있다. 이 비극의 책임은 누구에게 물어야 할까?

"몰디브는 수십 년 안에 지도상에서 사라질 위기에 처해 있습니다!" 2015년 파리에서 개최된 제21차 유엔기후변화협약 당사국총회COP21 에서 몰디브 환경에너지부 장관 이브라힘의 외침은 큰 반향을 불러일으켰다. 인도양의 아름다운 섬나라 몰디브는 해발고도가 평균 2.5m이며, 지구온난화로 해수면이 상승하면서 국토가 점점 사라지고 있다. 지금 속도로 해수면이 계속 상승한다면 2030년 이후에는 몰디브라는 국가 체제가 더 이상 유지되기 힘들 것으로 전망된다. 2004년 동남아시아에 쓰나미가 발생했을 때 몰디브의 국토 절반 정도가 침수되었다. 앞으로 해수면이 더 상승하면 일시적인 기후변동으로 국토 전체가 침수되는 일도 빈번하게 일어날 것이다.

뜨거워지고 있는 지구

미국 알래스카에 있는 맥카티 빙하가 후퇴하고 있는 모습이다.

　　지구가 뜨거워지고 있다. 지구상에서 사라져 가는 빙하들은 지구온난화 현상을 가장 상징적으로 보여 준다. 알프스, 히말라야, 북극지방의 빙하는 1900년대 초에 촬영한 모습과 현재의 모습이 확연하게 다르다. 시베리아 지역에서 영구적인 동토(凍土)였던 지역들이 녹아내리고 있다. 북극 지역의 얼음도 줄어들고 있다. 1950년 북극해의 얼음 면적은 1,300만 km^2(한반도 면적의 60배)였으나, 2000년 이후에는 400만 km^2 정도로 크게 줄었다. 21세기 말에는 북극해의 얼음이 모두 사라질 것으로 전망된다.

지난 수천 년 동안 지구의 연평균 기온은 400~500년을 주기로 약 1.5℃ 범위 내에서 상승과 하강을 반복했다. 그러나 18세기 산업혁명 이후부터 지구의 기온은 계속 상승하고 있다. 특히 1970년 이후에 상승세는 더욱 가팔라졌다. 1900년 이후 현재까지 전 세계 해수면은 평균 17cm 상승했다.

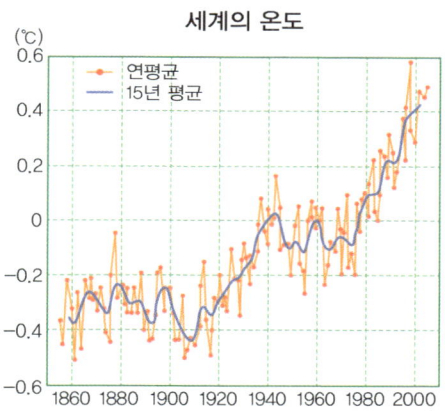

산업혁명 이후 지구의 온도는 계속 상승하고 있고, 특히 1970년 이후에 상승세가 가팔라졌다. 세계의 평균기온은 최근 100년에 걸쳐 약 0.7℃ 상승했다.

지구의 대기는 태양에너지를 적당하게 머금고 있어 인간을 포함한 생물들이 살아가는 자연환경의 온도를 적절하게 유지한다. 이를 대기의 '온실효과greenhouse effect'라고 한다. 이는 기본적으로 생명체에게 유익한 것이지만, 최근 온실 기체의 양이 급증해 지표면의 온도가 상승하면서 문제가 되고 있다. 대표적인 온실가스인 이산화탄소가 대기 안에 포함된 양이 1800년대에는 280ppm, 1958년에는 315ppm, 2000년에

28 — IPCC(Intergovernmental Panel on Climate Change, 기후변화 대응 정부 간 협의체)는 유엔 산하 기구로서 기후변화와 관련된 전 지구적 위험을 파악하고 각종 기후변화 협약을 제정하는 데 큰 영향을 미치고 있다. 이 단체는 2007년에 노벨 평화상을 수상했다.

는 367ppm으로 계속 증가하고 있다. 지구의 연평균 온도 상승 추이와 이산화탄소 증가 추이가 비슷하게 나타나 지구온난화를 일으키는 주범으로 이산화탄소를 꼽는다.

이외에도 온실가스의 종류는 몇 가지가 더 있다. IPCC[28]는 이산화탄소CO_2, 메탄CH_4, 이산화질소N_2O, 수소화불화탄소HFCs, 과불화탄소PFCs, 육불화황SF_6을 6대 온실가스로 지정했다. 이산화탄소는 주로 석유, 석탄과 같은 화석연료를 연소시킬 때 배출된다. 메탄은 음식물이나 쓰레기가 부패할 때 많이 발생하며, 가축의 배설물, 초식 동물의 트림 등에서도 발생한다. 이산화질소는 화석연료가 고온으로 연소될 때 배출되는데, 대표적인 배출원은 디젤 엔진이다. HFC류는 냉장고 및 에어컨의 냉매, 각종 용제 및 발포제로 널리 사용되고 있다. HFC는 온실가스이자 오존층을 파괴하는 물질이다. PFC와 SF_6는 금속 및 반도체 생산 공정에서 배출된다.

온실가스의 양은 산업혁명 이후 급격히 증가했다. 대기 중 이산화탄소의 농도는 산업혁명 이전에 비해 현재 30% 이상 증가했다. 메탄은 0.7ppm에서 1.8ppm으로 늘어났다. PFC류는 산업혁명 이전에는 대기 중에 존재하지 않았으나, 현재는 0.0005ppm 정도 존재한다. 1970년대 이후 지구온난화가 급격히 가속화된 것은 화석연료 사용이 폭발적으로 증가한 것이 주된 원인이다. 제2차 세계대전 종전 이후 세계적으로 광범위한 산업화가 진행되었다. 자동차가 널리 보급되고 동력을 사용한 제품의 대량생산이 시작되었다. 산업화의 정도와 지구온난화의 정도는 정비례로 나타난다.

또 한 가지 흥미로운 점은 육식과 지구온난화의 관계이다. 사람들이 고기를 많이 먹을수록 더 많은 수의 가축을 사육해야 한다. 가축의 수가 늘어날수록 초지와 식물 개체 수는 감소한다. 식물이 감소하면 식물의 광합성에 사용되는 이산화탄소의 흡수가 감소해 대기 중 이산화탄소의 양은 늘어난다. 또 늘어난 가축 수에 비례해 분뇨 배출이 증가하여 메탄가스의 발생량도 늘어난다. 아울러 육류를 보관하기 위한 냉장시설이 확대되면서 HFC의 사용량도 증가한다. 이 모든 것이 온실가스 배출의 요인이다. 그렇다면 전 세계적으로 육류 섭취가 늘어나는 이유는 무엇일까? 자동차와 냉장고 때문이다. 운송 수단이 발달하면서 육류를 먼 거리로 배달할 수 있게 되었고, 냉장고가 개발되어 육류의 보관이 용이해졌다. 즉, 기계문명의 발달이 인류의 육식 섭취를 돕고, 그 결과 환경 파괴가 가속화되고 있는 것이다.

지구온난화, 10문 10답

① 오늘부터 온실가스를 혁명적으로 감축한다면, 몰디브의 침몰을 막을 수 있을까?

답은 현실적으로 'No'에 가깝다. IPCC 4차 보고서에 따르면, 향후 인류가 온실가스를 통제하는 정도에 따라 지구온난화의 속도가 조절되고,

2100년까지 지구의 온도는 0.5~6℃ 상승할 것으로 예상된다. 만약 인류가 화석연료를 사용하지 않고 온실가스의 양을 현재 그대로 유지하면 어떻게 될까? 그렇다 하더라도 금세기 말까지 약 0.5℃ 온도가 상승할 것으로 시뮬레이션되었다. 이미 지구상에 배출된 온실가스가 과도해 산업혁명 이전의 균형적인 값으로 돌아오려면, 화석연료를 사용하지 않고 원시시대의 삶을 수백 년 이어 가야 한다. 하지만 인류 전체가 화석연료를 전면적으로 사용하지 않는 것은 현실적으로 불가능하다. 지금과 같은 정도로 온실가스를 방출하면서 살아간다면, 금세기 말에 지구 온도는 약 6℃ 정도 올라갈 것으로 보인다. 현재의 기조를 유지하면서 온실가스를 줄이는 기술을 혁명적으로 적용할 경우, 온도 상승의 범위는 약 2~4℃로 추정된다. 이 경우에도 몰디브의 침몰은 시간문제일 뿐이다.

② **지구의 대기는 대부분 산소와 질소로 이루어져 있다. 왜 이산화탄소가 이슈가 되고 있는가?**

지구의 대기는 질소(N_2) 78%, 산소(O_2) 21%, 아르곤(Ar) 1%, 이산화탄소(CO_2) 0.03%로 구성되어 있다. 이 중에서 극미량을 차지하는 이산화탄소가 온실가스로 작용한다. 질소와 산소처럼 단독 원소는 적외선을 흡수하지 않고 열을 머금거나 전달하지 않는다. 하지만 이산화탄소는 화합물 기체여서 적외선을 강하게 흡수한다. 질소나 산소가 온실효과를 일으켰다면, 지표면의 온도는 수백 도로 올라갔을 것이다. 수증기(H_2O) 역시 중요한 온실 기체이다. 그러나 대기 중 수증기 농도는 산업혁명 이전이나 이후나 늘 3%로 일정하게 유지되고 있다.

29 ― 식물의 광합성($6CO_2 + 12H_2O +$ 빛에너지 $\Rightarrow C_6H_{12}O_6 + 6H_2O + 6O_2$)은 이산화탄소를 흡수하여 탄수화물을 생성하는 과정이다.

③ 전 세계적으로 나무를 많이 심으면 이산화탄소를 흡수하여 지구온난화를 멈출 수 있지 않을까?

이 질문의 답 역시 'No'에 가깝다. 식물은 광합성 대사 과정에서 이산화탄소를 흡수한다.[29] 지구에 존재하는 모든 식물이 광합성으로 흡수하는 이산화탄소의 양은 연간 약 1,200억 톤으로 추정된다. 물론 식물의 개체 수를 늘리면 흡수되는 이산화탄소의 양이 증가한다. 그러나 식물이 만들어 낸 열매가 분해하는 과정에서 산소와 결합하여 다시 이산화탄소가 발생한다. 지구상에서 이산화탄소의 배출은 동물의 호흡, 식물의 분해 과정에서 주로 발생하는데, 후자의 비중이 훨씬 크다. 현재 지구의 대기 안에 존재하는 이산화탄소의 양은 7,600억 톤으로 추정된다. 산업혁명 이전에는 지구 대기 중 이산화탄소의 배출과 흡수가 균형을 이루었지만, 오늘날은 화석연료의 사용으로 불균형이 초래되어 연간 30억 톤의 이산화탄소가 순증가하고 있다.

30 — 동물의 호흡($C_6H_{12}O_6$ + $6H_2O$ + $6O_2$ => 38ATP + $6CO_2$ + $12H_2O$ + 열)은 탄수화물을 산화시켜서 이산화탄소와 에너지를 생성하는 과정이다.

④ 세계 인구가 증가하면, 호흡으로 배출하는 이산화탄소의 양이 증가하여 지구온난화가 가속화되는가?

거의 그렇지 않다. 생물 교과서에 따르면, 동물의 호흡 과정에서 이산화탄소가 발생한다.[30] 그럼 동물의 개체 수가 많아지면 지구상의 이산화탄소의 양은 증가할까? 증가하기는 하지만 그 양은 지극히 미미하다. 사람 한 명이 연간 호흡을 통해 배출하는 이산화탄소의 양은 대략 0.3톤 정도이며, 지구의 70억 인구가 배출하는 이산화탄소 총량은 약 20억 톤 정도 될 것이다. 이 양은 식물 광합성을 통해 흡수되는 이산화탄소의 약 1%에 지나지 않는다.

지구상에서 이산화탄소는 유기물(식물의 열매, 식물의 사체, 동물의 사체)의 분해 과정에서 40% 정도, 화석연료의 연소 등 산업 활동을 통해 60% 정도 배출되고 있다. 인간과 동물의 호흡에서 배출되는 양은 지극히 적다. 지구의 인구를 절반으로 줄이는 것보다 지구의 자동차를 1% 줄이는 것이 지구온난화를 막는 데 더 효과적이다. 인구 증가 자체가 문제가 아니라, 인구 증가로 인한 화석연료 사용의 증가가 문제이다.

⑤ 내가 오늘 하루 동안 발생시킨 이산화탄소의 양은 어느 정도가 될까?

내가 아침에 일어나 20분간 샤워하는 동안 약 100gr 정도의 이산화탄소가 배출된다. 보일러에서 연료를 때면서 이산화탄소가 대기 중으로 배출되기 때문이다. 버스를 1시간 정도 타고 출퇴근하면 400gr 정도의 이산화탄소가 배출된다. 승용차를 이용하면 배출량은 10배로 증가한다. 노트북 컴퓨터를 2시간 사용할 때 50gr, TV를 1시간 시청할 때 60gr, 세탁기를 1시간 사용할 때 800gr 정도의 이산화탄소가 배출된다.[31] 일회용 용기 1개를 사용할 때 10gr의 이산화탄소가 배출된다. 용기를 제작할 때 화석연료에 의한 가열 과정이 있기 때문이다. 스테이크로 한 끼 식사를 하는 과정에는 3500gr의 이산화탄소가 배출된다. 고기를 저장한 냉장고의 전력 사용, 스테이크 조리 과정에서 사용된 화석연료 때문이다. 이를 모두 합하면 성인 한 명이 하루 동안 배출하는 이산화탄소의 양은 대략 5kg 정도가 된다. 우리나라의 모든 가정, 공장, 운송 수단에서 연간 배출되는 이산화탄소의 총량을 전체 인구로 나누면 대략 1인당 12톤 정도가 된다.

31 — 대략 전기 소비량(kWh, 킬로와트시)×0.14로 계산하면 이산화탄소 배출량(kg)이 된다. 한 달 소비 전력 300kWh인 가정에서 유발하는 이산화탄소량은 300kWh×0.14=42kg이 된다.

⑥ 해수면 상승이 큰 문제인가? 약간 더 높은 지대로 사는 곳을 옮기면 되지 않을까?

해수면 상승으로 육지 면적이 축소되는 것은 그리 심각한 문제가 아니다. 조금 더 높은 곳으로 거주지를 옮기면 된다. 정말 심각한 문제는 지구 생태계의 파괴이다. 이것이 인류에 대한 큰 위협이다. 우선 지구온난화로 감염병이 확산될 가능성이 크다. 열대지방에서 발생하는 뎅기열, 말라리아 같은 질병이 고위도 지역으로 확대될 수 있다. 모기나 말라리아 원충은 기온이 높을 때 활동성이 강하기 때문이다. 기후학자들의 연구에 따르면, 세계적으로 기온이 1℃ 정도 상승할 때, 말라리아에 감염되는 사람이 1~2억 명 더 증가하는 것으로 예측된다. 지구온난화에 따라 바닷물과 강물의 온도가 증가하면 수인성 전염병도 더 확대될 것으로 보인다. 물의 온도가 증가하면 플랑크톤의 밀도가 증가하고 플랑크톤과 공생하는 콜레라균의 증식도 활성화될 수 있다. 지구 전체적으로 물 온도가 1~2℃만 상승하더라도 각종 전염병이 예상치 못한 형태로 확대될 가능성이 높다. 지구온난화는 생물 생태계에도 큰 영향을 미친다. IPCC 4차 보고서에 따르면, 지구의 온도가 2~3℃ 정도 상승할 때 전체 생물종의 20~30%가 멸종 위기에 처할 것으로 예상된다.

⑦ **지구가 온난화되고 있다는데, 겨울철은 왜 더 추워질까?**

〈투모로우(The Day After Tomorrow)〉(2004)라는 영화가 있다. 지구온난화가 가속화되어 극지방의 빙하가 녹고, 바닷물이 차가워지면서 해류의 흐름이 바뀌어 결국 지구의 절반 정도가 빙하로 뒤덮인다는 것이 영화의 전체 줄거리이다. 현실 세계에서도 이러한 시나리오가 가능할까?

과학적으로 가능하다. 지구 전체를 뒤덮고 있는 바다의 심층수는 2,000년을 주기로 순환하는데, 이를 '해양대순환'이라고 한다. 해양대순환을 일으키는 구동력은 극지방의 차가운 바닷물이다. 극지방에서 차가

2015년 2월 뉴욕에 강력한 한파가 도래한 모습. 글로벌 해양대순환은 감소하고 있으며, 이것은 중위도 지역에서 이상 한파의 빈도가 증가하는 것과 관련이 있다.

운 바닷물이 심층수가 되어 중저위도 지역으로 내려오고, 이 물은 전 대양을 순환하다가 따뜻한 물이 되어 다시 극지방으로 유입된다. 하지만 지구온난화의 영향으로 극지방의 바닷물 온도가 상승하면서 해양대순환의 강도는 점점 줄어들고 있다고 한다. 해양대순환이 멈추면 중위도 이상의 지역은 바닷물이 매우 차가워지고, 적도 지역은 바닷물이 매우 뜨거워진다.[32] 정도의 차이만 있을 뿐, 중위도 이상의 지역은 겨울철에 더 추워지고 적도 부근은 여름에 더 더워지는 현상이 앞으로 심화될 것으로 보인다.

[32] — IPCC 4차 보고서는 21세기 말까지 대서양에서의 해양대순환이 25% 정도 약화될 수 있다고 예상했다. 금세기 내에 해양대순환이 멈출 가능성은 희박하지만, 다음 세기에는 가능하다고 보고 있다. 해양대순환이 멈춘다면 영화 〈투모로우〉의 내용이 현실로 나타날 수 있다.

⑧ 인류는 지구온난화를 멈출 기술을 보유하고 있는가?

IPCC 4차 보고서를 보면, 지구온난화를 완전히 정지시키는 것은 현실적으로 불가능하며, 2050년까지 대기 중 온실가스의 농도를 540ppm 이내로 관리하여 지구온난화를 2℃ 이내로 억제하는 것을 목표로 하도록 권고하고 있다. 이러한 목표를 달성하기 위하여 인류가 취할 수 있는 실천적 방법과 기술에는 어떤 것들이 있을까?

무엇보다 화석연료의 사용을 억제하고 신재생에너지를 확대할 필요가 있다. 수력·조력·풍력·지열·태양에너지 등은 온실가스를 거의 만들지 않는 에너지원이다. 물론 발전 효율이 낮다는 것이 큰 단점이다. 단기적인 대안은 원자력 에너지이다. 원자력발전은 이산화탄소를 거의 배출하지 않는다. 그러나 위험하다는 문제가 있다. 최근에는 이산화탄소 포집 및 저장 기술(CO_2 Capture and Storage)이 연구되고 있다. 이산화탄소를 직접 포집하여 지하 깊숙이 압축 저장하는 기술이다. 발전소나 제철소와 같이 이산화탄소를 많이 발생하는 시설에서 사용하면 유용하리라 본다. IPCC에 따르면, CCS 기술로 지구상에서 배출되는 이산화탄소의 50% 이상을 회수할 수 있다. 그렇다 하더라도 무한정 땅을 파서 이산화탄소를 저장할 수는 없다.

이상에서 살펴보았듯이, 이산화탄소 문제를 완전히 해결할 수 있는 신통한 방법과 기술은 존재하지 않는다. 화석연료를 연소하기 때문에 발생하는 문제이므로, 화석연료의 사용을 줄이는 것이 궁극적이고도 유일한 대안이다. 소비적 물질문명의 패러다임을 변화시키고 검소와 절약을 실천하는 것밖에 방법이 없다.

⑨ 태양광발전, 풍력발전은 이산화탄소를 발생시키지 않는가?

태양광발전은 반도체의 특성을 이용하여 태양광을 직접 전기에너지로 바꾸는 방식이다. 그렇다면 태양광발전은 이산화탄소 배출과 전혀 무관한가? 태양전지가 작동하는 과정에서는 이산화탄소가 배출되지 않는다. 그러나 태양전지를 만드는 과정에 2,500℃ 정도의 고열 처리 공정이 수반된다. 풍력발전 역시 모터를 제작하고 콘크리트 구조물을 만드는 과정에서 이산화탄소가 발생한다. 이렇게 보면, 원자력발전이 가장 깨끗한 방식이다. 원전 시설을 건설할 때 약간의 이산화탄소가 발생하지만, 그 이후 수십 년간은 이산화탄소가 발생하지 않는다.

⑩ 이산화탄소 배출을 멈출 수 있는 강력한 국제 협약을 만들면 어떨까?

앞서 살펴본 바와 같이, 향후 1세기 동안 지구온난화의 정도를 2℃ 이내로 억제해야 하며, 그렇지 않을 경우 인류 전체는 큰 피해를 입게 된다. 이러한 시급한 문제에 전 세계적인 공감대가 형성되어 교토 의정서(Kyoto Protocol)가 제정되었다. 그러나 교토 협약은 많은 한계점을 안고 있다. 우선 1인당 온실가스 배출이 가장 많은 미국이 조약에서 탈퇴했

33 — 교토 협약의 내용은 온실가스를 2012년까지 1990년 대비 5% 감축한다는 것이다. 그러나 미국은 자국 산업 보호를 핑계로 협약에서 탈퇴했다. 2012년 미국의 온실가스 배출량은 1990년 대비 30%를 초과했다. 2017년 들어 미국은 파리협정(COP21 회의에서 미국 등 주요국들이 합의한 지구온난화 방지 협약)에서도 탈퇴했다.

다.[33] 가입 대상이 선진국으로 제한되어 개발도상국과 후진국은 제외되었다. 중국과 인도가 대표적인 나라다. 협약의 강제성이 없다는 점도 문제이다.

앞으로 지구온난화를 멈출 수 있을 정도로 강력한 국제 협약이 탄생할 수 있을까? 아마도 쉽지 않을 것이다. 각국은 여전히 경제성장과 군사력 확보 등 많은 영역에서 이산화탄소의 발생을 필요로 하고 있다.

지구별과 싸우는 지구 자본주의

기후변화 협약은 시대적, 지역적 형평성 문제를 포함한다. 지구온난화 문제는 사실 산업혁명 이후 200여 년 동안 대기 중에 쌓인 온실가스로 발생하는 문제이다. 그러나 현재 기후변화의 충격파는 그동안 온실가스를 만들어 온 선진국보다 개발도상국에 더 강하게 전달되고 있다.

교토 협약은 2018년에 만료되므로 새로운 협약이 만들어져야 한다. 향후 진행될 기후변화 협약은 개발도상국과 후진국을 모두 포함하는 방향으로 전개될 것이다. 또 국가별 또는 경제 발전 단계에 따른 그룹별 이산화탄소 배출 기준이 제정될 것이다. 하지만 이런 협약이 일종의 식민주의라는 비판도 제기되고 있다. 부유한 선진국들이 개발도상국 및 후진국들의 개발 과정을 마음대로 규정한다는 점에서 그렇다.

이산화탄소를 규제하는 것이 해당 국가의 행복과 안녕에 종합적으로 도움이 되는지도 의문이 든다. 인도와 중국은 이산화탄소 배출 규제에 소극적인 편인데, 규제가 오히려 자국의 빈곤 퇴치와 보건을 방해한다고 보기 때문이다. 아프리카와 아시아의 최빈국들은 더더욱 그러하다. 이에 대한 반론도 존재한다. 교토 협약에서 규정한 탄소 배출권을 거래함으로써 부유한 나라가 가난한 나라의 재정을 지원할 수 있다는 것이다. 그러나 현재 탄소 배출권을 판매하는 주체는 대부분 개발도상국이고, 구입 주체는 영국과 네덜란드 등 선진국들이라는 점에서 설득력이 떨어지는 측면도 있다.

그렇다면 어떤 방향이 바람직할까? 선진국의 산업화에 따른 부작용을 후진국이 떠안는 지금의 구조는 분명히 문제가 있다. 선진국이 온실가스 감축에 대한 부담을 더 많이 지고, 빈곤 국가들은 중장기적으로 저탄소 경제로 나아갈 수 있도록 지원하는 방향이 큰 밑그림이 되어야 한다. 즉, '기후적 정의에 입각한 부의 재분배'라는 기조가 필요하다.

> "지구온난화를 막지 못하는 이유는 무엇일까? 기술의 문제인가? 세계 정치 지도자들과 글로벌 기업의 CEO들은 과연 지구온난화를 막으려는 의지가 있을까?"
>
> — 나오미 클라인, 《이것이 모든 것을 바꾼다》

나오미 클라인은 기후변화 문제를 '지구 자본주의와 지구 행성과의 전쟁'으로 규정했다. 그리고 글로벌 대기업과 자본이 온실가스 감축에 나설 의지가 거의 없다고 그는 주장한다. 온실가스 감축을 위한 모든 과정과 노력은 탈규제 자본주의와 충돌하기 때문이다. 예를 들어, 재생에너지를 늘리는 정책은 석유 및 석탄을 중심으로 하는 글로벌 자본과 충돌할 수밖에 없다. 전기자동차나 대중교통을 확대하면 가솔린 자동차 회사의 이익을 침해할 수밖에 없다.

조너선 닐도 《기후변화와 자본주의》를 통해 이와 비슷한 주장을 펼쳤다. 문제는 미국 등 선진국이고, 핵심은 글로벌 자본과 이에 결탁한 국가 권력이라고 보았다. 그는 BP, 엑손모빌, 셸 등 글로벌 탄소 에너지 기업들과 GM, 포드 등 글로벌 자동차 회사들은 교토 협약과 같은 기후변화 협약이 시행되는 것을 결코 바라지 않는다고 했다. 따라서 환경 운동과 사회정의 운동 사이의 동맹, 즉 기후정의 운동을 통한 사회 대변혁이 현존하는 자본주의 경제체제를 압도할 정도로 강력하게 전개되어야 한다고 주장했다.

> "자본주의의 정수이자 지구온난화의 주범인 미국은 제2차 세계대전에서 승리하기 위해 경제체제를 급격하게 변화시켰다. 모든 기업이 전쟁 물자 생산에 집중하도록 강제했고, 그 결과 1941년 조선소에서 '수송선' 한 척을 만드는 데 평균 245일이 소요되던 것이, 1943년 말에는 평균 39일로 단축될 정도였다. 사람을 죽이기 위해 경제를 급격하게 바꿀 수 있다면, 사람을 살리기 위해 경제를 급격하게 바꿀 수 없을 이유는 무엇인가?"
>
> – 조너선 닐

신자유주의에 기초한 자본주의는 자연과 환경의 파괴를 비용으로 간주하지 않는다는 오류를 지닌다. 다시 말해, 미래의 가치를 계산하지 않는다. '규제 없는 자유로운 시장 경쟁'을 신조로 하는 자본주의는 태생적으로 지구온난화를 막을 주체가 되기 어렵다. 화석연료 사용에 관한 혹독한 규제와 처벌, 신재생에너지에 관한 보호무역 등의 정책을 받아들일 수 없기 때문이다. 오히려 자본 권력은 지구온난화를 기회 요인으로 생각할지도 모른다. 기후 영역에서도 '재난 자본주의'는 돈벌이가 되기 때문이다. 가뭄이 발생하면 글로벌 농업 기업들이 가진 신품종 종자의 가격을 올릴 수 있다. 태풍이 자주 발생하면 건물 신축 수요가 증가하므로 부동산 개발업자와 건설 펀드에게는 호재가 된다.

탄소 에너지 기업들과 글로벌 자본주의는 종종 기후변화의 위험성을 과소평가하도록 조작된 정보를 유포하거나 신재생에너지의 효과와 위력을 과소평가하기도 한다. 세계에 분포하는 주요 사막의 절반 정도의 면적에서 태양광발전을 시도하면 전 세계 전력 사용량의 200배를 얻을 수 있고, 세계적으로 바람이 좋은 곳에 풍력발전기를 설치하면 세계 전력 수요의 7배까지 생산이 가능하다는 연구 결과가 보고되고 있다. 그렇다면 우리는 그동안 신재생에너지가 보조적 역할에 머물 뿐이라는 잘못된 정보를 끊임없이 주입받았던 것은 아닐까?

인류가 지속 가능한 방법으로 지구를 공유할 수 있도록 근본적이고 혁명적인 정치·경제적 변혁이 필요하다. 기존의 체제를 완전히 바꾼 새로운 패러다임을 만들지 않으면 기후변화 문제는 해결할 수 없다. 공공성과 지속 가능성에 기반한 사회주의, 저에너지 사회로의 역성장, 기업에서 공동체로의 권력 이동 등이 그 키워드가 될 수 있을 것이다.

에너지의 정치경제학

3

인류가 최초로 사용한 에너지는 햇빛과 불이다. 원시시대부터 햇빛으로 가죽이나 식량을 말리고, 나무를 불태워 음식을 조리하거나 난방을 하기도 했다. 편리하고 효율적인 생활을 위해 여러 가지 도구와 기계를 만들기 시작했고, 19세기 이후에는 더 획기적인 발명품들을 제작했다. 우리의 일상을 크게 변모시킨 두 가지 발명품은 내연기관과 전기였다. 20세기 이후 운송의 혁명적 발전, 편리한 가전제품, 대규모 생산 산업으로 인류 문명은 크게 달라졌다. 하지만 막대한 에너지 문제가 대두되었다.

문명을 구동하는 힘, 에너지

석유는 기원전부터 지표면이나 바위틈에서 조금씩 발견되었다.[34] 미끈하고 물과 섞이지 않아 화살촉에 묻혀 윤활유로 사용하거나 방수제 등으로 이용했다. 석유가 불에 잘 탄다는 사실은 오래전부터 알려졌지만, 이를 난방이나 등화용으로 사용하지 못한 이유는 땅속 깊은 곳에 있는 석유를 파낼 방법이 없었기 때문이다. 본격적으로 석유가 산업화에 이용된 것은 증기기관의 발명과 관련이 있다. 증기기관으로 큰 힘을 가진 굴착 기계를 만들어 지하에 있는 석유를 캐낼 수 있었던 것이다. 석유는 운송과 난방뿐 아니라 석유화학제품[35]의 원료가 되는 나프타를 얻을 수 있어 중요하다. 일상생활에서 사용하는 물품과 의류 대부분이 석유로 만들어진 것이다. 석유가 사라진다면 인류 문명은 다시 원시시대로 돌아가야 할지도 모른다.

> 34 — 석유(石油)는 '돌 주변에서 나오는 기름'이라는 뜻이다. 석유를 칭하는 영어 petroleum은 라틴어의 petra(바위 또는 돌)와 oleum(기름)에서 유래했다. 정제하기 전의 석유는 원유(原油, crude oil)라 하고, 정제된 이후의 석유는 가솔린, 등유, 경유, 나프타 등으로 불린다.
>
> 35 — 원유를 정제하여 연료 형태로 얻는 것을 '석유제품'이라고 하며, 석유를 이용한 합성제품(각종 플라스틱, 합성고무 및 피혁, 합성섬유, 화공 약품 등)을 '석유화학제품'이라고 한다. 합성고무, 합성라텍스, 합성섬유 등과 같이 '합성(synthetic)'이라는 글자가 포함된 제품은 대부분 나프타를 원료로 한다.
>
> 36 — 석유산업 초기에 목재로 만든 42갤런 통(barrel)에 석유를 담아 운송했던 것에서 유래되었다. 1배럴은 159L이다.

제2차 세계대전 이후 전 세계적으로 급속히 산업화가 진행되고 중동의 대규모 유전들이 개발되면서 석유 생산량이 급증하기 시작했다. 2008년에 석유 소비가 정점에 이르렀는데, 이때 생산량이 무려 300억 배럴[36]에 달했다. 하지만 2010년 이후부터 석유 생산량은 감소 추세인데, 이는 원유 고갈에 따른 채굴의 어려움과 가격 상승에 기인한다. 우리나라의 화석연료 소비 규모는 어느 정도일까? 2015년 기준으로 원유 수

37 ― 유사한 용어로 '대체에너지(alternative energy)'가 있다. 이는 경우에 따라 석유를 대체하는 에너지, 석유를 포함한 화석연료를 대체하는 에너지, 화석연료와 핵에너지를 대체하는 에너지 등 여러 의미로 쓰일 수 있어서 최근에는 잘 사용하지 않는다. '신재생에너지'라는 용어도 있다. 기존의 재생에너지에 연료전지, 수소에너지 등 최근 연구되고 있는 재생에너지를 포함한 개념이다.

입량은 10억 배럴(금액으로 120조 원), 석탄 1.3억 톤(14조 원), 천연가스 0.4억 톤(32조 원) 정도이다.

재생에너지renewable energy[37]는 화석연료를 사용하지 않고 자연으로부터 지속적으로 얻을 수 있는 에너지를 말한다. 태양열, 태양광, 수력, 풍력, 소수력, 지열, 해양에너지, 폐기물에너지 등이 포함된다. 재생에너지는 연소 과정이 없어 지구온난화의 주범인 이산화탄소를 발생시키지 않는다. 그러나 설치 비용이 비싸거나 에너지 밀도가 낮은 경우가 많다. 이제 화석에너지를 줄이고 재생에너지를 확대하는 것은 선택이 아니라 필수 사항이다. 화석연료가 고갈되고 있고 화석연료로 인한 지구온난화가 극한 상황에 도달했기 때문이다. 독일, 영국, 덴마크 등 유럽 국가들은 2050년까지 전체 에너지의 절반을 재생에너지로 공급할 계획이다. 현재 전 세계 에너지 공급에서 재생에너지가 차지하는 비중은 약 13%이다. 그러나 OECD '녹색성장지표 2017'에 따르면 우리나라는 약 1.5%에 불과하다. 앞으로 재생에너지는 고갈되지 않고 온실가스를 내놓지 않는다는 장점 때문에 21세기의 주요 에너지원이 될 것으로 전망된다.

에너지 패권과 세계 질서

"간단히 말해, 역사적으로 숱한 문명들이 사라져 간 이유는 지도자들이 자원 부족에 대비하지 못했기 때문이다."

―마이클 셔머

　미국의 경제학자 마이클 셔머는 지금까지 인류 역사에 존재한 60여 개의 문명을 분석해 보았다. 문명의 평균수명은 421년이며, 로마제국 이후에 생겨난 28개의 문명은 그보다 더 짧은 305년이라는 사실 결과에 그는 주목했다. 하나의 문명이 사라질 때는 자원, 에너지의 압박이 수반되었다. 현대 문명의 평균수명이 짧은 이유는 과거에 비해 복잡해진 문명을 유지하는 데 더 많은 자원이 필요하기 때문이다.

　재레드 다이아몬드 역시 《문명의 붕괴》를 통해 대부분 문명의 위기가 자원의 쇠퇴에서 촉발된다는 견해를 제시했다. 어떤 문명, 국가, 사회가 유지되려면 그 사회의 복잡성을 지속시킬 수 있는 에너지, 식량, 노동력의 공급이 필요하다. 자원과 에너지의 공급이 한계에 부딪히기 시작하면 사회의 복잡성을 유지하는 비용이 증가한다. 그리고 문제 해결에 필요한 비용이 문제 해결의 가치를 초과하는 임계 시점이 되면 문명이 붕괴한다. 이처럼 에너지와 자원의 확보는 문명과 국가의 운명을 결정짓는 중요한 요소이다.

　오늘날의 에너지 패권 다툼이 본격화된 시점은 1960년대 이후이다. 몇 가지 이유가 있는데, 우선 세계적으로 산업화가 가속되면서 에너지 소비가 급증했다. 제2차 세계대전 이후, 전기 및 석유를 활용하는 운송 수단 및 산업 생산이 급격히 확대되고, 이러한 수요에 대응해 중동 지역의 대규모 유전들이 잇달아 개발되었다. 또 1960년 9월 중동 산유국들이 중심이 되어 OPEC(석유수출국기구)을 결성하면서 자원과 민족

38 — 1978년 팔레비 왕조가 붕괴되기 전, 이란의 석유 이권은 미국 40%, 영국 40%, 팔레비 왕조 20%로 분할되어 있었다. 이란의 팔레비 독재 정권과 이집트의 독재자 무바라크를 수십 년간 지원했던 미국의 의도는 무엇이었을까? '중동의 자유'가 아닌, '중동의 석유'를 염두에 둔 것은 아니었을까?

39 — 1990년 8월 2일 이라크가 쿠웨이트를 침공하자, 미국·영국·프랑스 등 34개 다국적군이 이라크를 상대로 40일간 벌인 전쟁이다. 이라크 측에서 20만 명이 사망하고 다국적군은 378명이 전사하면서, 다국적군은 세계 전쟁사에 유례가 드문 일방적 승리를 거두었다.

주의가 결합된 자원민족주의가 나타나기 시작했다. 이후 지금까지 석유는 세계 각국의 산업, 민수, 국방을 위한 기본적인 에너지 공급 수단이 되었으며, 이를 둘러싼 다툼과 전쟁이 끊이지 않고 있다. 1970년대 발생한 석유파동이 대표적인 사례이다.

1973년 10월, 제4차 중동전쟁(이집트 vs. 이스라엘)은 곧바로 석유 전쟁으로 번졌다. 이집트가 영향력을 행사하던 OPEC은 이스라엘의 팔레스타인 점령에 반발하면서, 팔레스타인의 권리가 회복될 때까지 매월 5%씩 원유 생산을 줄인다고 선언했다. 석유라는 자원이 국제정치적인 무기가 된 첫 사례였고, 자원민족주의가 더욱 강화되는 계기가 되었다. 결국 이듬해 국제 유가가 폭등하면서 세계 경제는 세계대전 이후 가장 심각한 불황을 겪는다.

1978~1981년 제2차 석유파동은 아랍 민족주의와 미국의 중동 정책이 충돌하면서 발생했다. 미국은 자국의 정치·경제적 이익을 위해 이란의 팔레비 독재 정권을 지원했고,[38] 이 때문에 독재 정권에 반발한 이슬람 혁명이 일어나고 석유 금수 조치가 단행되었다. 이 시기에도 유가는 대략 2배 이상 폭등했으며 다시금 세계경제에 큰 혼란이 초래되었다. 1970년 초반 국제 유가는 배럴당 3달러 정도였으나, 1980년을 지나면서 30달러를 훌쩍 넘어섰다.

걸프 전쟁[39]은 어떻게 볼 수 있을까? 전쟁의 발단은 이라크의 쿠웨이트 침공이었지만, 어쨌든 걸프 전쟁의 결과 중동이 미국의 절대적 영향 아래 들어가게 되었다. 정확하게 가늠하기는 어렵지만 미국의 중동 정책에서 중요한 부분은 석유와 관련된 자국의 이익일 것이다. 현재 세계 에너지 수요의 60% 이상을 석유 및 천연가스가 차지한다. 다시 말해, 석유의 주산지인 중동을 지배하거나 영향력을 미칠 수 있어야 세계적인 영향력을 행사할 수 있다는 것이다. 미국 및 서방의 대자본은 중동 석유산업의 구조 개편을 내심 바라고 있을지도 모른다. 현재 중동의 석유 자산은 대부분 국유화되어 있는데, 중동 석유산업에 국제 자본이 유입된다면 서방은 큰 이득을 얻을 수 있다. 미국은 석유 매장량이 300억 배럴(세계 10위)이지만, 석유 소비량이 세계 1위(전 세계 소비량의 26%)이며 대부분의 석유를 수입에 의존하고 있다.

팽창주의 경제와 에너지 딜레마

강대국 및 글로벌 자본이 주도하는 신자유주의 및 금융자본주의의 유일한 관심사는 바로 '이윤'이다. 이익을 취할 수 있으면 땅끝까지라도 찾아가지만, 이익 창출 과정에서 환경이 파괴되거나 자원이 고갈되는 문제에는 무책임한 태도를 보일 때가 많다. 신자유주의 패러다임 안에서 투자자, 투기자, 도박꾼, 금융인을 구분하는 것은 무의미할 뿐 아니라 불가능하다. 단기간의 이익을 추구하는 사람들은 미래 세대가 자원 고갈 및 환경 파괴 때문에 치러야 할 비용에 관심이 없다. 2015년 발생한 폭스바겐 배기가스 조작 사건[40]은 경제적 이익 앞에서

> 40 — 2015년 9월에 드러난 폭스바겐 및 아우디 디젤 차량 배기가스 조작 스캔들이다. 해당 회사는 주행 시험 중일 때만 배기가스 저감 장치가 작동하도록 프로그래밍했다. 실제 주행 중에는 기준치의 40배가 넘는 배기가스가 배출되었다.

41 — 한국전력이 공사로 창립된 1982년 이래, 국내 물가는 200% 이상 올랐지만 전기 요금은 6% 상승했다. 물가 상승률을 감안하면, 전기 요금은 큰 폭으로 하락한 것이다. 발전 원가가 저렴한 원전이 확대된 것도 있지만, 에너지 포퓰리즘도 주요 원인으로 꼽힌다.

환경 윤리를 내버렸던 '공학 기술 사기 사건'의 대표적 사례이다.

대량 생산과 대량 소비를 근간으로 하는 팽창주의적 경제 질서에서 이윤이라는 가치는 에너지 위기 및 환경 파괴 문제와 정면으로 충돌한다. 글로벌 자본은 빠른 시간 내에 이익을 얻어야 하고, 정부와 권력은 다음 선거 전에 가시적인 경제 성과를 내야 한다. 이들에게 지구 에너지와 자원의 고갈, 환경 파괴 등은 중요한 관심사가 아니다. 대형 승용차와 대형 가전제품의 생산과 사용을 부추기는 정책이 어쩌면 그들의 이익에 더 부합한다.

정책 포퓰리즘 역시 에너지 과소비를 부추긴다. 우리나라의 전기 요금은 kWh당 평균 80원 정도의 수준으로, 일본(202원), 영국(184원), 미국(115원)보다 현저히 낮다.[41] 우리나라는 오랜 기간 전기 요금이 발전 원가에 미치지 못할 정도로 낮게 설정되어 왔다. 석유와 같은 1차 에너지를 2차 에너지인 전기로 가공할 때 에너지 변환율은 대략 60% 정도가 된다. 다시 말해, 전기 에너지는 석유 에너지에 비해 1.6배 비싼 것이 정상이다. 그러나 일부 산업 영역에서 전기가 석유보다 저렴한 기현상이 발생한다. 그러다 보니 전기에 의한 냉난방이 급증했고, 2011년 9월에는 전국에 걸쳐 750만 가구가 정전되는 사태가 발생하기도 했다.

국민들의 지지를 확보하려는 목적으로 전기 요금을 낮게 책정하는 정부와 정치권의 에너지 포퓰리즘은 바람직하지 않다. 부족한 전기 요금은 결국 세금으로 메꿔지고 있다. 원가 이하로 전력이 공급될 경우 전기를 많이 사용하는 부유층이 더 많은 혜택을 누리고, 적자 비용은 전기를 적게 사용하는 중저소득층을 포함한 전 국민이 세금으로 충당하게 된다.

에너지 정책을 관리하는 정부 부처는 원가 이하의 낮은 전기 요금이 계속 유지되어 국가적으로 전기를 많이 사용하는 편이 어쩌면 더 낫다고 생각할지도 모른다. 에너지가 과도하게 사용될수록 발전소, 전력 회사, 전기 제품 생산 기업들의 규모는 더욱 확대되고 에너지 관리 부처의 입김이 더 강화될 수 있다. 이런 상황은 고위직 퇴직 공무원들의 산하기관 낙하산 임용이라는 면에서 관료들에게 유리하다. 이처럼 에너지 정책과 전기 요금은 정치·경제적으로 복잡한 속내가 존재하고 있다.

새로운 도전

화학섬유 원료를 생산하는 울산 용연 공단의 KP케미칼 공장에서는 불필요한 열이 많이 발생한다. 열을 식히다 보면 시간당 20톤가량의 저압력 스팀이 생산되는데, 2008년까지는 이를 모두 공중으로 날려 보냈다. 인근의 한솔EME도 산업 쓰레기를 소각하는 과정에서 중압력 스팀 10톤이 생산됐지만 쓸모가 없어서 날려 버렸다. 한편, 인근의 섬유 원료 생산 업체인 코리아PTG와 SKC는 각각 저압·중압 스팀을 만드는

42 — 'Collaboration'과 'Economics'의 합성어로, 협력의 경제학을 의미한다. 기업간, 노사간, 기업과 시민단체 간의 협력을 통해 난제를 해결하고, 1+1=2가 아닌 3 이상의 시너지 효과를 만들어 내는 방식이다.

데 많은 에너지를 쓰고 있었다. 옆 공장에서는 쓸모가 없어 버리는 스팀을 이들 공장에서는 비싼 연료를 소모해 가며 만들고 있었던 것이다.

한국산업단지공단의 조사로 이런 사실을 알게 된 이들 4개 업체는 2009년 초 각 사업장을 연결하는 2.7km 길이의 스팀관을 새로 깔았다. 버리는 스팀을 필요한 곳으로 공급하기 위해서다. 배관 설치에 120억 원의 비용이 소요되었으나, 코리아PTG와 SKC는 연간 60억 원가량의 연료 값을 아낄 수 있게 되었다. 두 업체는 스팀을 공급해 주는 다른 두 업체에 일정액을 지불하고 있다. 경제적 이익 외에도, 연료 사용 시 발생하는 오염 물질이나 온실가스 배출을 줄일 수 있게 되었다. 이러한 '스팀 네트워크'는 경제적, 환경적 이득을 톡톡히 보고 있다.

폐열 에너지를 재활용하는 경우도 있다. 2009년 애경유화의 폐열을 SK에너지가 연료원으로 활용해 벙커C유 2,300만 리터와 온실가스 75,000톤을 줄였다. 삼성토탈에서 부산물로 나오는 메탄가스를 서해도시가스를 통해 인근 산업체의 연료로 공급하여 연간 200억 원의 천연가스 수입 대체 효과를 거두고 있는 것도 좋은 예다. 이처럼 산업계에서 확대되고 있는 에너지를 매개로 한 '콜래보노믹스 collabonomics'[42]는 향후 주목할 만한 가치 있는 트렌드이다.

오스트리아 동남쪽에 무레크라는 작은 도시가 있는데, 세계 최초의

에너지 자립 마을로 알려져 있다. 석유와 천연가스 같은 화석연료에 의존하지 않고 마을 사람들이 필요한 에너지를 직접 생산한다. 재배한 유채와 폐식용유를 이용한 세계 최초 바이오디젤 주유소와 폐목재를 이용한 지역 난방 회사, 가축 분뇨로 전기를 생산하는 지역 전기회사를 통해 도시에 필요한 에너지의 170%를 생산하고 있다. 남은 전력은 다른 도시로 판매한다.

오스트리아의 츠벤덴도르프도 매우 특이한 도시이다. 1978년 오스트리아 최초로 이 도시에 원자력발전소가 건설되었다. 그런데 원전을 가동하기도 전에 나라 전체에서 반대 여론이 일어났다. 결국 오스트리아 정부는 국민투표 결과를 반영해 완공된 원전을 한 번도 가동하지 못하고 폐쇄해 버렸다. 이후에도 오스트리아는 어느 곳에서도 원전을 운영하지 않았다. 현재 츠벤덴도르프에서는 도시 주변을 흐르는 수자원을 90% 이상 활용해 필요한 에너지를 얻고 있다.

독일 남부의 프라이부르크는 도시 곳곳에 수로가 설치되어 있는데, 높은 곳에서 낮은 곳으로 자연스럽게 물이 흐르도록 설계해 놓았다. 그래서 도시의 온도와 습도가 자연스럽게 조절된다. 도심에는 건물의 높이와 건물 사이의 간격을 규제해 바람길을 조성함으로써 신선한 공기를 도심부로 끌어들이고 도심의 오염된 대기를 분산시킨다. 도시 곳곳에는 태양광 발전 시설이 설치되어 있는데, 향후 더 확대해 도시에 필요한 에너지의 10% 이상을 친환경 에너지로 공급할 예정이다. 독일 윤데 마을에서는 농작물과 가축 분뇨를 이용한 바이오 가스 열병합 발전소를 건립하여 연간 500만kWh의 전력을 생산하고 있다.

우리나라의 대표적인 에너지 자립 마을로는 부안군 등용마을을 꼽는다. 등용마을은 2005년부터 태양광 발전설비를 지속적으로 확충해 현재 44kWh의 발전 용량을 갖추었고, 이외에도 풍력발전과 지열발전 설비를 구축하고 있다. 각 가정에는 태양열 온수기 등도 설치해 놓았다. 이처럼 재생에너지 발전을 통해 연간 4만kW의 전력을 생산하는데, 주민들이 사용하는 가정용 전기의 70% 정도에 해당한다. 국내외의 다양한 사례에서 볼 수 있듯이, 생활의 패러다임을 에너지 절약형으로 바꾸고 재생에너지의 보급을 적극적으로 추진한다면, 탄소 제로 도시는 그저 먼 미래의 이야기가 되지 않을 것이다.

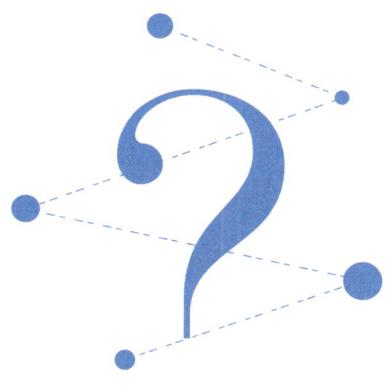

적정기술과 대중 생산

4

현재 세계 인구의 40% 이상이 안전한 식수를 얻지 못하고 있다. 매년 수백만 명이 각종 수인성 전염병으로 사망하는데, 그중 1/3은 영유아들이다. 깨끗한 식수 공급이 절실한 상황이지만 극빈국에서는 물 펌프를 설치하거나 생수를 구입할 여력이 없다. 그러던 중 2005년에 '놀라운 물건'이 세상에 등장했다.

스위스 사람인 베스터가드 프랑센은 청년 시절 아프리카를 여행하면서 오염된 물 때문에 각종 질병에 시달리는 아프리카 주민들을 만났다. 이후 회사를 설립해 아프리카의 식수 문제를 해결할 라이프스트로 Life straw라는 휴대용 정수 빨대를 만들었다. 한 사람이 연간 필요로 하는 700리터의 물을 정수하고, 수인성 박테리아(99.9999% 이상)와 바이러스(98.5% 이상)를 걸러내는 신기한 빨대였다. 15미크론 정도의 입자를

라이프스트로는 빈곤하게 살아가는 수백만 명의 생명을 구하고 있다.

43 — 적정기술(適正技術, appropriate technology)이란 해당 지역의 정치적, 경제적, 문화적, 환경적 조건을 고려해 지속적인 생산과 소비를 가능하게 하는 기술을 말한다. 특히, 극빈국을 위한 원조형 기술이나 환경 파괴에 대응하는 지속 가능한 발전과 관련해 주목받고 있다.

걸러내는 능력이 있어 혼탁한 물도 정화할 수 있다. 이 빨대는 전기 장치가 전혀 필요 없고 수명도 1~2년으로 긴 편이다. 이 제품은 현재 아프리카와 동남아 국가들을 상대로 국제 구호단체를 통해 공급되고 있다.

2달러 미만의 비용으로 제작되는 라이프스트로의 위력은 엄청났다. 이 제품이 공급된 콩고, 에티오피아 등에서 수인성 질병이 급격히 줄어든 것이다. 단순한 제품이라도 인류에게 얼마나 큰 도움이 될 수 있는지를 대표적으로 보여 준 라이프스트로는 적정기술^{43}의 전형으로 손꼽힌다.

인간이 필요로 하는 기술

2016년 봄 삼성전자는 갤럭시노트7을 출시했다. 2,560×1,440화소의 높은 해상도를 지원하는 화면과 2.3GHz로 동작하는 CPU를 갖춘 제품이었다. 이에 뒤질세라 애플에서도 몇 달 뒤 아이폰7을 출시했다. 2.4GHz로 동작하는 CPU와 1,200만 화소를 자랑하는 카메라를 탑재했다. 그런데 여기서 한 가지 질문이 생긴다. "사람들이 스마트폰을 사용할 때 이처럼 높은 사양이 필요할까?"

휴대전화는 1990년대부터 본격적으로 보급되기 시작했다. 당시 단말기의 성능이 좋지 않았지만, 사람들은 굳이 더 높은 사양을 원하지 않았다. 전화 통화를 하거나 문자를 보내는 정도가 휴대전화 기능의 전부였다. 휴대전화 생산이 거듭되면서 기업들은 상당한 이윤을 축적했는데, 어느 정도 수준에 이르자 그 이상의 수익이 발생하지 않았다. 기업 경영자들은 더 많은 수익을 낼 수 있는 방법을 고민했다. 마침내 그들은 뛰어난 사양을 갖춘 휴대전화를 만들고 고객에게 다양한 활용 방법을 교육하면 더 큰 이익을 창출할 수 있다는 사실을 간파했다. 예컨대, 휴대전화에 빠른 속도로 동작하는 CPU를 탑재하면 다양한 종류의 게임을 즐기게 할 수 있다. 높은 해상도의 화면을 탑재하면 이동 중에도 인터넷에 접속하도록 유도할 수 있다. 애초에 TV도 여가 시간의 무료함을 달랠 목적으로 만든 물건이 아니었다. 전파와 카메라 관련 기술이 개발된 뒤에 TV가 만들어졌고, 이후 TV를 위한 다양한 콘텐츠가 개발되면서 사람들이 여가 시간에 TV를 즐기게 된 것이다.

산업화 시대 이후에는 대부분 기술 주도형 제품들이 개발되었다. 생산 체제가 기계화되고 자동화되면서 공산품의 대량 생산이 가능해졌고, 이는 자본 축적으로 이어졌다. 거대한 자본이 생기자 기업은 제품의 연구 개발에 집중해 더 나은 기술을 갖추게 되었다. 그런데 뛰어난 기술을 적용한 제품을 만들지 여부를 결정할 때 고려해야 할 중요한 사항이 있다. 많은 사람들이 지갑을 열어 제품을 구매할 만큼 매력적인 활용 방법을 제시할 수 있는가? 이것이 바로 기업이 수요를 창출하는 과정이다.

그런데 아이러니하게도 기술 주도형 제품이 비인간화와 문명의 황폐화를 부추기기도 한다. 원자폭탄은 대표적인 기술 주도형 제품이었지만, 지금은 인류 전체를 가공할 공포로 몰아넣고 있다. 고성능 CPU와 유비쿼터스 기술 속에서 우리는 비인간성을 느끼기도 한다. 기술이 만들어 낸 물질문명이 우리의 정신문명을 제한하거나 잘못된 길로 인도할 때가 종종 있기 때문이다.

반면, 사람들의 필요에 따라 만들어지는 수요 주도형 제품들도 있다. 여러 색깔의 펜이 하나로 합쳐진 4색 볼펜, 집 안에서 달리기 운동을 할 수 있는 러닝 머신, 작은 상처에 붙일 수 있는 일회용 밴드 등이 이에 해당한다. 이러한 제품들은 고도의 과학 기술을 요하지 않는다. 그렇다면 우리의 일상생활에서 꼭 필요한 기술은 무엇일까? 생물학적 특성에 따라 필요한 것도 있고, 정신활동을 위해 필요한 것도 있을 것이다. 생활환경이나 생활수준에 따라 달라지기도 한다. 바로 이러한 필요에 대응하는 기술이 '적정기술'이다.

적정기술의 대표적인 사례인 XO 노트북을 살펴보자. 2005년에 비영리 단체 OLPCOne Laptop Per Child는 구글 및 AMD 등의 도움을 받아 XO 노트북을 개발해 100달러의 가격으로 빈곤국에 보급해 오고 있다. 태양광이나 수동 페달로 충전할 수 있고, 안드로이드나 리눅스 등 오픈 소스의 운영체제를 적용해 추가적인 비용이 발생하지 않는다.

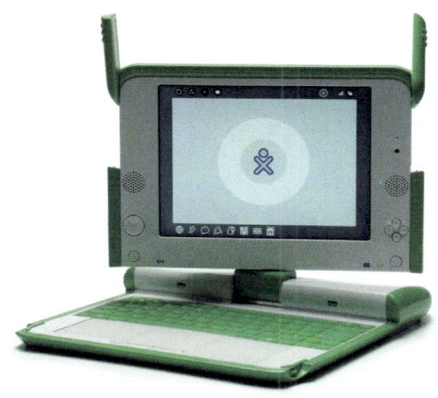

수요 주도형 XO-1 노트북. 이 제품의 가격은 단 100달러에 불과하다. 수천 달러에 달하는 기술 주도형 첨단 노트북에 비해 매우 저렴하다.

아프리카는 기후가 더운 지역이어서 농작물과 음식을 오래 보관하기 어렵다. 나이지리아의 학교 교사였던 모하메드 아바는 이 문제를 해결할 획기적인 발명품을 개발한다. 바로 '이중 항아리Pot-

44 ― 라이프스트로와 이중 항아리는 각각 2005년과 1995년에 시사 주간지 《타임》이 선정한 '올해 최고의 발명품'이 되었다.

이중 항아리. 아프리카인들의 먹고사는 문제에 큰 도움을 주고 있는 발명품이다.

in-pot[44]이다. 큰 항아리 안에 작은 항아리를 넣고, 그 사이에 흙을 채운다. 흙에 물을 부으면 흙 전체에 물이 축축하게 스며든다. 항아리 주변의 높은 온도 때문에 물이 기화하는데, 이때 기화 흡수열이 발생하면서 항아리는 냉각된다. 아프리카에서 사용되고 있는 이중 항아리의 효과는 가히 혁명적이다. 예전에 2~3일에 불과했던 채소 보관 기간이 몇 주로 늘어나면서, 각 가정의 식생활과 농업 활동에 큰 도움을 주고 있다고 한다. 특히 전기나 기계 장치의 도움이 필요 없어 이 발명품의 가치는 대단히 높게 평가받는다.

그런데 이와 같은 수요 주도형 제품들이 많이 생겨나지 못하는 이유는 무엇일까? 수요 주도형 제품들은 만들기는 쉽지만 높은 가격을 매기기는 어렵다. 따라서 이윤을 원하는 대부분의 기업은 수요 주도형 제품에 관심을 두지 않는다.

작은 것이 아름답다

'경제가 발전하면 인간은 과연 행복해질 수 있을까?' 경제적 번영이 평화와 행복의 요건이라는 생각은 현대 사회의 보편적 신념이다. 시장경제와 자유무역 질서가 확대되면서 경제가 성장하고 개인의 소득이 증대되었다. 또 사람들은 더 저렴한 가격으로 더 많은 물건을 구입할 수 있게 되었다. 글로벌 다국적 기업들은 지구상에서 가장 저렴한 원료와 노동력을 찾아내고 global sourcing, 그곳에서 생산된 상품을 세계 곳곳에 판매하는 전략 global marketing을 구사하면서 세계는 거대한 단일 시장으로 변화하고 있다.

하지만 이 과정에서 문제점들도 많이 드러난다. 지구의 자원은 빠른 속도로 소진되고 지역적으로 편중된 대규모 개발로 생태적 불균형과 환경 파괴가 극심하다. 평균 소득은 증가하고 있지만 불평등, 소외, 불안 등과 같은 사회문제는 계속 늘어나고 있다.

에른스트 슈마허 1911~1977는 저서 《작은 것이 아름답다》에서 대단위 자본과 첨단 기술이 결합된 대형 경제 체제의 위험성을 경고한다. 슈마허에 따르면, 거대 글로벌 기업이 남긴 이윤은 대부분 자본가가 챙긴

45 ─ 1973년 슈마허는 거대 기술(super technology)이 유발하는 부작용을 피할 대안으로 중간기술(intermediate technology)을 제시했다. 이는 훗날 적정기술(appropriate technology)이라는 개념으로 확대 발전했다.

다. 회사의 규모가 커질수록 직원들의 역할은 파편화·기계화되고, 고성능 기계가 도입되면서 공장 노동자들은 일자리를 빼앗긴다. 첨단 기술은 현대인에게 편리함을 가져다주지만, 기술 이용 가격이 너무 비싸거나 기술 공급이 중단되면 큰 혼란을 초래한다.

슈마허는 '당장의 이익이 아닌 궁극적인 이익'을 생각했다. '무엇이 경제적인가?'가 아니라 '무엇이 행복을 가져다주는가?'라는 물음을 던진 것이다. 그가 제시한 대안은 인간과 자연에 친화적인 경제 패러다임인 '노동력 중심의 작은 경제'이다. 내용은 대략 다음과 같다. 대도시 또는 대규모 공장보다는 중소 단위의 마을이나 작은 규모의 공장을 육성한다. 물건을 만들 때 원재료는 주로 현지의 것을 사용하고, 생산기술은 가능한 한 간단한 기술[45]을 이용한다. 생산한 제품도 웬만하면 현지에서 소비한다. 이처럼 작은 경제를 통해 기계보다 인간의 역할이 중시되고 자본에 의한 투기보다 노동력에 대한 정당한 보상이 이루어지면, 작은 지역 단위의 건강한 사회 공동체를 만들 수 있다고 보았다.

인간이 주도하는 기술

최첨단 스마트폰은 뛰어난 엔지니어들의 창의력이 응축된 제품이지만, 이를 구매한 사용자가 창의성을 발휘할 여지는 많지 않다. 사용 설명서에서 제시한 방법대로 사용할 따름이다. 핵 발전소 운영의 안전성을 놓고 평범한 개인은 의견을 낼 수 없다. 설비가 어떤 절차로 작동하는지, 어떤 안전 시스템이 구축되어 있는지 전혀 모르기 때문이다. 핵발전소에서 생산한 전력의 요금도 사용자가 책정한 것이 아니다. 사용자는 정해진 가격표에 따라 발전소에서 공급하는 전력을 구입할 자유만 갖고 있다. 자동차나 전자 제품은 고도로 기계화·정보화되어 개인이 수리하거나 개조하는 것이 거의 불가능하다. 이처럼 현대 문명은 기술이 주도하고 인간은 종속되는 구조이다. 기계가 첨단화되고 거대화될수록 인간의 창의력이 개입될 여지는 줄어들고, 오히려 대형 사고가 발생할 가능성은 더욱 높아진다.

한편, 고도로 기계화 혹은 자동화되지 않은 제품은 어떤가. 자전거는 고장이 나더라도 개인이 쉽게 고칠 수 있다. 짐받이를 좀 더 큰 것으로 교환하는 일도 어렵지 않다. 자전거에 적용된 기술은 사람들이 이해하고 통제할 수 있는 '적정기술'이므로, 제품을 각자의 필요와 용도에 맞게 사용할 수 있다. 개인 주택이나 마을 단위로 설치된 태양광이나 풍력을 사용한다면, 전력의 생산과 수요의 전 과정을 한 마을에서 통제할 수 있다. 설령 사고가 나더라도 마을 안에 국한되기 때문에 피해 규모가 적다. 이렇게 기술이 덜 기계화되고, 덜 자동화되고, 덜 복잡할수록 인간의 역할이 더 중요해진다. 기술과 자본이 인간을 통제하는 것이 아니라, 인간이 기술보다 주도권을 가질 수 있다.

라이프스트로를 생산하는 프랑센은 독특한 경영 철학을 가지고 있다. 정부나 사회단체에서 제공하는 자선과 기부를 일체 거부하고, 라이프스트로를 판매해서 얻은 이윤으로만 기업을 운영한다. 정상적인 기업 활동으로 제품을 생산해야 제품의 영속성을 담보할 수 있고, 소비자

역시 정상적인 가격에 제품을 구입해 사용하면서 주인 의식을 갖는다는 것이다. 라이프스트로는 비교적 저렴한 가격(2달러)에 판매되고 있지만, 아프리카인들에게는 매우 비싸다. 프랑센은 자사의 경영 철학에 위배되지 않으면서도 아프리카인들의 금전적 부담을 해소할 수 있는 묘안을 찾아냈다.

바로 탄소 상쇄 배출권carbon offset credit을 이용한 것이다. 교토 협약에 따라 국가 간 탄소 배출권을 거래할 수 있다. 라이프스트로를 사용할 경우 오염된 물을 끓이기 위해 석유나 나무를 사용하지 않아도 된다. 즉, 라이프스트로를 사용하면 그에 비례해 화석연료를 덜 사용해 탄소 배출이 줄어든다는 말이다. 프랑센은 '카본 포 워터Carbon For Water' 캠페인을 전개했다. 케냐 등 아프리카 정부에 라이프스트로를 무상으로 공급해 국민들에게 보급하게 하고, 아프리카 정부는 라이프스트로 보급량에 비례하는 탄소 배출권을 탄소 기업에 판매해 그 대금을 프랑센에게 지급하는 캠페인이다. 결과적으로 아프리카 정부와 주민들에게 금전적 부담은 발생하지 않는다. 그러면서도 아프리카 정부가 일정한 책임감과 주인 의식을 갖도록 전체 프로젝트가 설계되었다. 프랑센의 독창적인 경영 철학은 어떻게 하면 적정기술을 사용하는 사람이 기술의 주인이 되고 그 기술을 영속적으로 활용할 수 있는지 매우 좋은 사례를 보여 준다.

신자유주의와 과잉 기술

"21세기는 생태주의의 시대가 될 것이다. 그렇지 않으면, 우리 모두는 지구 상에서 사라지게 될 것이다."

1980년대 이후 미국과 영국에서 불기 시작한 신자유주의 바람은 전 세계에 큰 변화를 몰고 왔다. 작은 정부, 자유 시장 및 자유무역, 세계화, 규제 철폐, 재산권 존중, 효율 및 이윤 극대화, 성과 및 보상 시스템 등이 강조되었다. 시장의 효율성이 제고되었고, 개인 및 국가의 소득이 향상되는 등 일정 부분 가시적 성과들도 나타났다. 반면, 대자본의 이익 독점, 고용의 질 악화, 빈부격차 확대, 시장 개방 압력에 따른 선진국과 후진국 간의 갈등과 같은 부정적인 측면도 드러났다. 신자유주의 패러다임 속에서는 보수와 진보 같은 정치 이념의 구분은 사실상 큰 의미가 없다. 힘은 대중에서 자본으로, 정치권력에서 경제 권력으로, 다수에서 소수로 넘어가고 있다.

신자유주의 개념은 자연스럽게 지구 자본주의로 귀결되는데, 이것의 가장 큰 특징은 '시장의 글로벌화'이다. 세계 경제 질서는 특정 국가의 정치권력에 의해 좌지우지되지 않는 거대한 공룡으로 변했다. 거대 투자 자본은 우월한 지위를 이용해 최단 시간에 최대 이익을 얻기 위해 노력하고 있는데, 이 과정에서 제3세계 국가들이 여러 면에서 착취와 불이익을 당하고 있다. 자유 무역 체제란 각 국가별로 비교우위에 있는 제품을 더 빨리, 더 많이 생산해 세계시장에 공급하는 시스템이다. 이 과정에서 지구의 자원은 빠른 속도로 소진되고 환경도 빠른 속도로 파괴되고 있으며, 전 세계적으로 엄청난 물류가 이동하면서 많은 에너지가 소비되고 있다. 지역적으로 편중된 대규모 개발로 생태적 불균형도 극심하다. 가장 친환경적이어야 할 농업과 목축업 등 1차 산업에서조차 지역적 생태 균형이 고려되지 않은 채 무분별한 개발이 이루어지고 있다.

자본과 기계로 무장한 현대 인류Homo Sapience는 자연의 모든 부분을 정복할 수 있는 거대한 인류Homo Colossus로 변모했다. 자연의 모든 생명체들은 생태계의 부양 능력 안에서 번식해야 하지만, 인구 증가와 자연 파괴는 기계와 화석연료의 지원을 받아 과도한 수준으로 이루어지고 있다. 이대로 간다면 지구 자원이 고갈되는 것은 물론이고 자연환경도 더 이상 회복할 수 없는 상태가 되고 말 것이다.

21세기의 시대정신, 적정기술

21세기에 추구해야 할 시대정신은 무엇이어야 할까? 나는 '지속 가능한 발전'이라고 말하고 싶다. 우리는 기본적으로 국가든 개인이든 성장하고 발전해야 한다고 생각한다. 그동안 과학과 기술, 자본과 설비는 발전을 위한 효과적인 도구로 활용되어 왔다. 그런데 기술이 발전하면서 인류의 삶은 더 나아졌는가? 단기적으로 보면 나아진 면도 있다. 그러나 장기적으로 봤을 때 그렇지 않은 경우가 훨씬 많다. 앞서 보았듯이, 과도한 에너지 사용으로 이산화탄소가 증가해 지구온난화라는 먹구름을 만들어 내고 있다.

최근 십여 년간 우리 사회의 화두는 '녹색 성장, 경제 민주화, 상생 발전, 기업의 사회적 책임, 친환경 기술, 지속 가능한 성장' 등이었다. 그런데 다소 혼란스럽기도 하다. 과연 성장이 끝없이 지속될 수 있을까? 시장 논리로 움직이는 경제가 민주화되는 게 가능한가? 이윤에 따라 움직이는 기업이 사회적 책임을 져야 하는가? 이러한 모순을 해결하는 것이 어쩌면 21세기의 시대적 과제인지도 모른다. 시장경제를 유지하고 지속적인 성장을 이루면서도, 환경보호와 사회정의를 담보할 수 있어야 한다. 이러한 점에서 단순하면서도 효과적인 대안이 바로 '적정기술'이다.

앞서 라이프스트로의 사례에서 보았듯이 적정기술은 '선한' 기술이다. 자본과 기술에 인간을 종속시키지 않고, 오로지 인간의 필요에 따라 이용되는 기술이다. 각 개인이 쉽게 이해하며 활용할 수 있고, 얼마든지 개선하고 발전시킬 수도 있다. 적정기술은 지속 가능한 기술이기도 하다. 저렴한 비용과 간단한 원리로 이루어지는 기술이므로 사회적 기업이나 지역공동체에서 지속적으로 사용할 수 있다. 또 사용자들이 주인의식을 가지고 사용할 수 있는 기술이다. 적정기술은 경제 논리나 기술 논리가 아닌 사회, 문화, 윤리, 건강 등을 모두 고려한다. 공동체 정신과 어울리고 생태 친화적이다. 적은 에너지를 이용하기 때문에 지구의 환경과 자원을 최대한 보호할 수 있다. 적정기술은 오늘날의 시대정신에 가장 부합한다.

슈마허는 경제단위와 기술의 크기를 인간의 크기에 맞추어야 한다고 주장했다. 대량생산을 위한 거대 기술은 필연적으로 생태 파괴적이라고 보았다. 그러면서 기계와 동력의 크기는 인간이 제어할 수 있을 정도로, 즉 인간의 신체 크기와 비슷하게 축소되어야 한다고 역설했다. 현재 인류가 사용하는 물건의 크기(주택, 자동차, 가전제품 등)는 계속 커지고 있는데, 이는 지구 생명 공동체의 지속성을 결코 담보하지 못한다. 자원이 유한한 지구 안에서 인류의 소비가 기하급수적으로 증가한다면 파국이 도래하는 건 시간문제다. 지금의 성장 속도는 반드시 제어되어야만 한다.

지난 수십 년 사이에 냉장고와 TV의 크기가 많이 커졌다. 가정용 냉장고는 1980년대에 보통 100~200리터 급이 많았는데, 지금은 800리터 급 이상으로 올라가 월평균 약 40kWh의 전력을 소비한다. TV는 1980년대에 14~19인치가 주를 이루었으나, 최근에는 40~60인치가 보급되고 있다. 19인치 TV는 소비 전력이 80W 정도이지만, 50인치 LCD TV는 약 300W 정도로 훨씬 많은 전력을 소비한다. 자동차도 배기량이 계속 증가하고 있다. 위험한 핵 발전소를 계속 운영하는 이유는 폭발적으로 늘어나는 전력 수요를 수력발전과 화력발전으로는 도저히 감당할 수 없기 때문이다.

앞으로는 작은 것을 지향하는 기술을 더욱 개발해야 한다. 에너지를 적게 사용하는 작은 주택, 작은 자동차, 작은 TV에 관한 연구 개발이 활발하게 이루어져야 한다. 문화, 관광, 레저 영역에서도 에너지를 덜 사용하는 친환경적인 패러다임을 모색해야 한다. 경제 영역은 무조건적인 성장을 바랄 것이 아니라, 생산과 소비를 정교하게 축소하는

청명한 대기와 맑은 호수는 지난 수천 년간 지속되었다. 하지만 우리는 이 모든 것을 잃어버릴 심각한 위기에 봉착해 있다. 인류 문명의 패러다임을 송두리째 바꾸지 않으면, 머지않아 고요한 숲과 맑은 물을 보기 어려울 것이다.

'제어된 역성장degrowth'을 고민할 때이다. '지속 가능한 성장sustainable growth'이 아니라 '지속 가능한 발전sustainable development'이라는 패러다임이 필요하다. 양적으로 후퇴하는 과정에서도 질적인 향상, 즉 '발전'을 도모할 수 있다. 친환경적인 산업과 생태 친화적인 삶의 방식으로 성장과 소비를 줄이면서도 국가와 개인의 삶을 더욱 풍요롭게 할 수 있다.

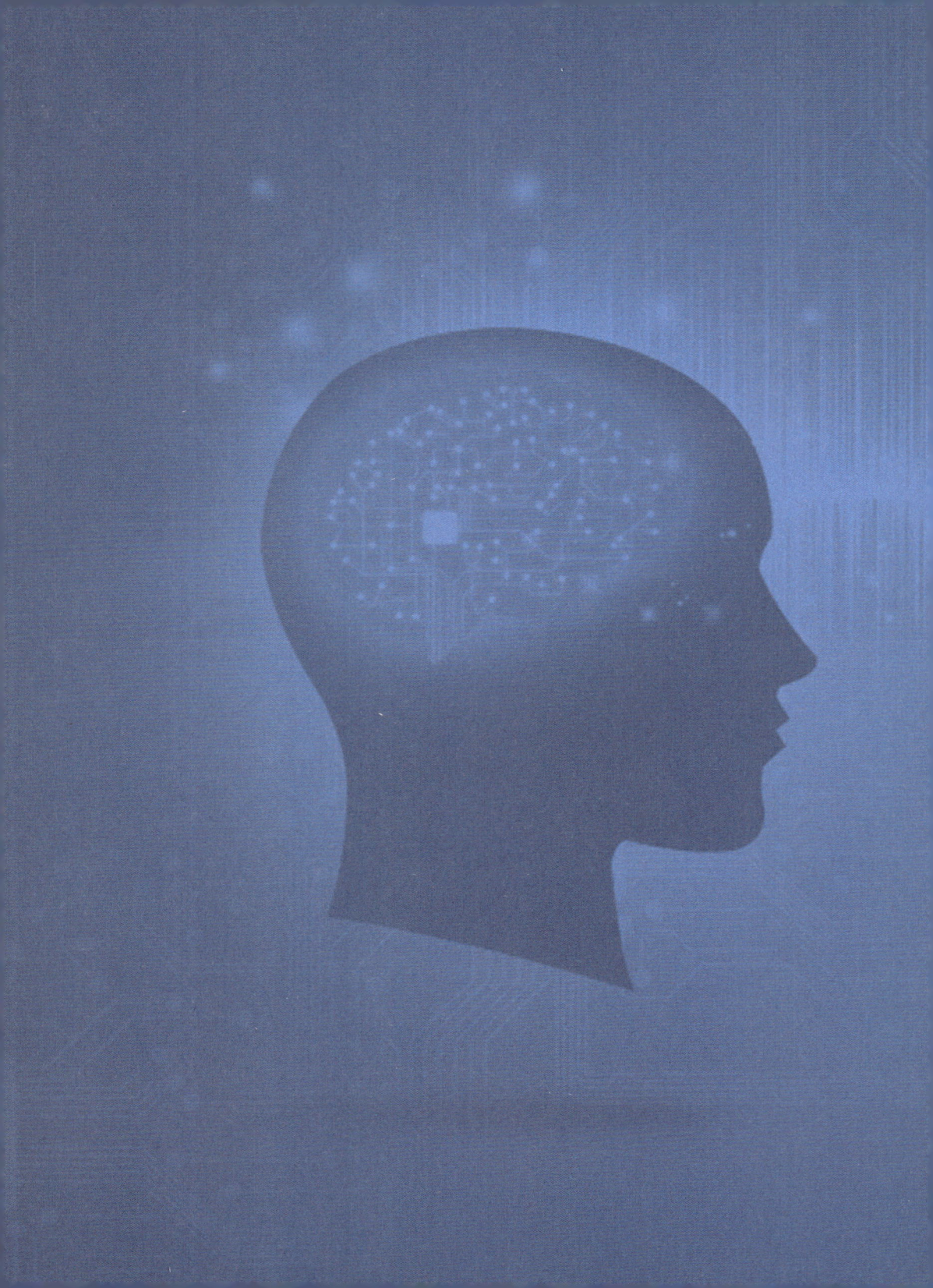

제 3 부

생명을
설계하다

● 우리는 생명의 설계도인 DNA를 부분적으로는 읽어 낼 수 있으나, 코드의 의미를 제대로 해석하지는 못하고 있다. 과연 질병을 치료하려는 목적으로 우리 몸의 설계도를 바꿔도 되는가? 과연 100년 뒤 생명의 모습은 어떻게 바뀌어 있을까?

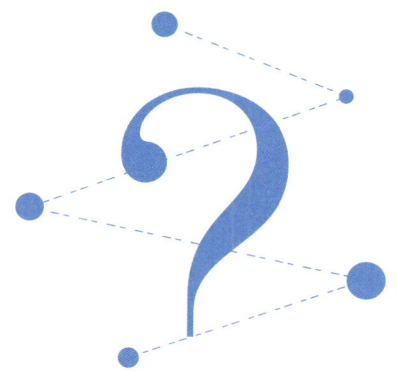

내 몸의 설계도

1

건물을 지으려면 반드시 설계도가 필요하다. 설계도에는 건물의 구조가 명확하게 제시되어 있고, 사용할 건축자재의 재질이 모두 표시되어 있다. 시공자는 설계 도면에 따라 건축물을 만든다. 시공자가 누구든지 간에, 정해진 도면에 지시되어 있는 그대로 건물이 만들어진다. 사람의 몸도 마찬가지다. DNA 코드로 이루어진 설계 도면에 따라 몸이 정교하게 만들어진다. 나를 구성하는 약 60조 개의 세포는 설계 도면이 지시하는 대로 한 치의 오차도 없이 살아서 동작한다.

내 몸을 만든 설계도를 읽어 내다

46 ─ 연구 결과는 《네이처》에 단 한 페이지짜리 짧은 논문으로 게재되었다. 이 논문은 20세기의 생명공학과 유전공학을 태동시킨 위대한 서막이었다. DNA(deoxyribonucleic acid)는 유기화합물이며, 아데닌(Adenine), 구아닌(Guanine), 사이토신(Cytosine), 티민(Thymine)이라는 네 종류의 염기로 구성된 사슬로 이루어진다.

47 ─ 게놈(genome)은 유전자(gene)와 염색체(chromosome)의 합성어로, 생명체의 유전정보 체계를 전체적으로 일컫는 말이다.

48 ─ 유전자는 DNA 사슬 안에 포함된 유전형질을 가리킨다. 즉, 게놈 안에 포함되는 개념이다.

49 ─ 제임스 왓슨은 1953년 DNA 구조를 발견했으며, 55년 뒤 후배 과학자들이 그의 DNA 지도를 읽어 냈다.

50 ─ 크레이그 벤터는 게놈 해독 업체인 셀레라제노믹스 사의 설립자이며, 그의 DNA 지도는 2007년 9월 과학 저널인 《플로스 바이올로지》에 게재되었다.

1953년 제임스 왓슨1928~ 과 프랜시스 크릭 1916~2004은 최초로 DNA의 구조를 밝혀냈다.[46] 이후 DNA 코드의 내용과 의미를 알아내고자 반세기에 걸쳐 치열한 연구가 진행되었다. 특히, 1990년 다국적 연구진이 인간의 모든 유전 정보를 해독하려는 인간 게놈[47] 프로젝트를 시작했다. 30억 달러 이상의 연구비가 투입된 이 프로젝트에서 2003년 인간이 가진 모든 유전자[48]의 배열이 99.99%의 정확도로 파악되었다. 마침내 인간의 몸을 만드는 설계도를 읽어 낸 것이다. 신체 각 부위의 형상과 크기, 얼굴 모습, 피부색, 목소리 등 모든 정보가 DNA 코드에 기록되어 있다. 이 설계도에 따라 한 치의 오차도 없이 구현된 결과가 바로 인간의 몸이다.

2007년 두 사람의 게놈 배열이 완전하게 밝혀졌다. 제임스 왓슨[49] 박사의 설계도는 2008년 4월 과학 저널인 《네이처》에 발표되었다. 자신의 DNA 지도를 공개한 또 다른 인물은 크레이그 벤터[50] 박사였다. 두 사람의 게놈은 배열상 0.5% 정도의 차이가 나타났다고 한다. 인간의 생리학적 메커니즘은 동일하다. 차이가 나는 부분은 키, 몸무게, 피부색, 얼굴 모양, 성격 등이다. 따라서 이러한 차이를 만들어 내는 부분이 전체 설계도에서 차지하는 비중이

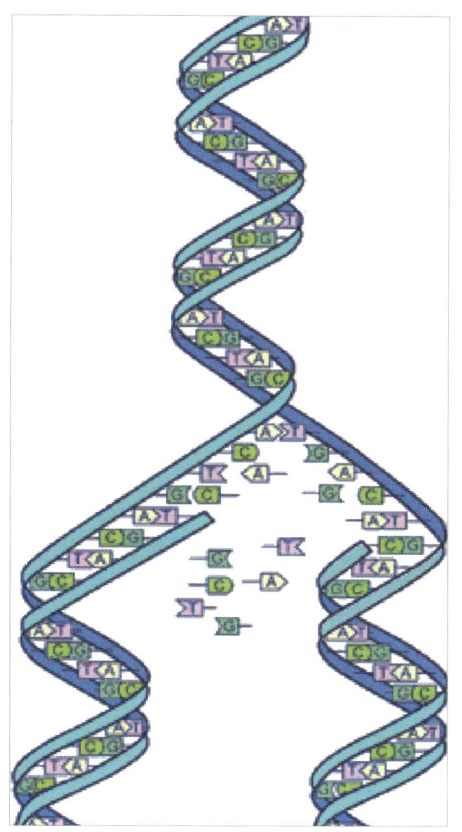

왓슨 박사의 유전자 지도에서 인간을 구성하는 설계도는 A-T-G-C라는 네 가지 부호의 나열로 구성된다.

0.5% 정도라고 추정해 볼 수 있다. 왓슨 박사의 게놈은 미국의 라이프 사이언스 사에서 2개월 동안 8억 원의 비용을 들여 분석했다. 인간 게놈의 구조를 밝혔던 최초의 프로젝트는 13년이라는 긴 세월이 소요되었지만, 해독 기술이 발전을 거듭한 끝에 이번에는 2개월 만에 한 사람의 설계도 전체를 분석할 수 있었다.

가장 최근의 기술에 따르면, 2주 이내에 특정인의 게놈 전체를 분석할 수 있다고 한다. 앞으로 그 속도는 더 빨라질 것이다. 머리카락 한 올을 제공하고 몇 시간 뒤에 자신의 설계 도면을 받아들 수 있는 날이 올지도 모른다. 인간 게놈의 배열을 읽어 냈다는 것은 생명 질서 전체를 이해했다는 것을 의미하지는 않는다. 현재 A-T-G-C로 구성된 디지털 암호문을 받아든 상태이지만, 각각의 암호가 무엇을 의미하는지는 거의 알려져 있지 않다. 마치 유치원 어린이에게 우주선의 설계도가 주어진 것과 비슷한 상황이다. 앞으로 각 유전 정보의 의미를 밝혀내는 후속 연구가 오래 이어질 것으로 전망된다. 연구자들은 우선 인간 게놈 해독을 의료에 응용하는 것이 단기적인 목표이다. 각 개인의 게놈에서 질병에 걸리는 정도나 약의 효력 등을 파악해 개인별 맞춤 치료나 의약 제공이 가능할 것으로 보인다. 인간 염색체 46개의 배열 가운데 어떤 부분의 오류로 특정 질병이 발생하는지 밝혀진다면, 그 부분을 수정하거나 억제해 불치병을 치료할 수 있을 것이다.

한편, 개인별로 게놈 전체를 해독하는 시대가 열리면서 복잡한 윤리적, 법적 문제가 대두될 가능성이 커지고 있다. 주민등록번호나 전화번호는 일시적인 개인 정보지만, 게놈은 궁극적인 개인 정보다. 특정인의 게놈 정보가 불법적으로 복제·도용될 경우 그 파장은 매우 심각하다. 특별한 재능을 가진 사람들의 게놈이 상업적으로 유통되거나 사람들의 게놈 데이터베이스가 불법적으로 거래될 가능성이 있다.

게놈 지도에서 각 부분의 암호를 완벽하게 해석할 수 있는 시대가 온다면, 과연 사람들은 자신의 설계도를 읽고 싶을까? 당장 고통을 주고 있는 질병을 치료할 목적이라면 그럴 수도 있다. 하지만 자신의 설계도를 이해하는 것이 반드시 좋은 일만은 아니다. 알츠하이머병에 걸릴 확률이 어느 정도인지, 자녀가 혈우병에 걸릴 가능성이 어느 정도인지, 심장이나 콩팥의 기능이 얼마나 손상되어 있는지 등을 모두 파악하면 과연 인생이 행복할까? 자신의 게놈 지도를 해독하도록 허락했던 왓슨 박사도 불치병에 걸릴 확률은 분석하지 말 것을 조건으로 달았다고 한다.

생명 복제, 어떻게 바라볼 것인가?

시중에서 구할 수 없는 귀중한 책을 가지고 있다면, 그 책을 복사해 가족이나 친구들에게 나눠 주고 싶을 것이다. 나만 가지고 있는 좋은 음악 파일이 있다면, 복사본을 USB 메모리에 담아 친구에게 주고 싶을 것이다. 이처럼 가치 있는 무엇인가를 복사하고 싶은 마음은 인간의 근본적인 욕구에 가깝다.

그렇다면 생명도 복사할 수 있을까? '생명 복제'는 인류의 깊은 관심사였고, 수많은 논쟁을 불러일으켜 온 복잡한 문제이다. 1997년 2월 22일 과학 저널 《네이처》에 혁명적인 연구 결과가 게재되었다. 6년생 양의 유전자를 추출해 수정되지 않은 다른 양의 난자에 넣어 복제 양을 만들어 낸 것이다. 대리모의 난자에서 세포핵을 제거해 대리모의 유전적 특성이 전혀 포함되지 않았으며, 원본인 양의 유전적 특성이 100% 반영된 명실상부한 복제 생명이 탄생했다. 이는 인간 복제의 가능성을 충분히 시사하는 일대 사건이었다. 실제로 인간 복제는 기술적으로 충분히 가능한 단계에 이르렀지만, 윤리적인 문제로 말미암아 현재 전 세계적으로 불허되고 있다.

만약 인간이 복제된다면 어떤 문제가 초래될까? 우선 복제된 인간의 부모가 누구인가 하는 문제가 생긴다. 복제 양 돌리의 경우 체세포를 제공한 양, 비어 있는 난자를 제공한 양, 실제 임신을 한 양이 모두 달랐다. 그렇다면 돌리의 부모는 셋인가, 아니면 하나인가? 나의 체세포 복제를 통해 새로운 아기를 탄생시켰다고 하자. 태어난 아기는 유전적으로 나와 완전히 동일하다. 그렇다면 나와 아기는 동일한 인격체인가? 아니면 형제인가? 또는 아버지와 아들의 관계인가? 인간 복제가 허용되면 큰 비즈니스로 발전할 가능성도 있다. 자신의 부와 경영권을 물려주려는 재벌 총수, 뛰어난 지적 능력을 지닌 사람들, 생명 연장의 꿈을 가진 사람들이 잠재적 고객이다. 당분간 인간 복제는 허용되지 않겠지만, 머지않아 복제 허용 여부에 관한 사회적 논쟁이 거세질 것으로 보인다.

2000년 8월, 미국 콜로라도에 사는 젊은 부부 잭과 리사 내쉬에게서 한 아이가 태어났다. 아담은 평범한 모습으로 태어났지만, 첨단 유전공학의 힘을 빌려 설계된 아이였다. 이 사건은 생명 윤리에 관한 많은 논쟁을 불러일으켰다. 내쉬 부부의 외동딸 몰리는 치명적 유전병인 팬코니 빈혈증에 걸려 수년 내에 생명을 잃을 위기에 처해 있었다. 몰리를 살릴 수 있는 길은 체질이 같은 기증자로부터 혈액 조직을 이식받는 것뿐이었다. 내쉬 부부는 몰리에게 동일한 체질의 혈액을 기증할 또 다른 아이를 만들기로 결정했다. 의료팀은 내쉬 부부의 정자와 난자를 인공수정시켜 수십 개의 배아[51]를 만들고, 유전자 검사를 통해 팬코니 빈혈 유전자가 없는 배아 1개를 선택하여 내쉬 부인의 자궁에 착상시켰다. 이러한 유전공학의 도움으로 마침내 아담이 태어났고, 이 아이의 탯줄과 태반으로부터 혈액을 공급받은 몰리는 유전병을 치료해 지금은 건강하게 지내고 있다.

51 — 배아(embryo)는 생식세포인 정자와 난자가 만나 결합된 수정란을 말한다. 좁게는 수정으로부터 조직과 기관으로 분화가 마무리되는 8주 사이에 있는 수정란을 가리킨다.

이 사건으로 생명윤리에 관한 어렵고도 복잡한 문제가 제기되었다. 한 사람의 생명을 구하기 위해 인공적으로 배아를 탄생시키는 것이 바람직한 일일까? 목적이 선하다면 수단은 정당화될 수 있을까? 옹호론자들은 내쉬 부부의 의도와 그 결과에 주목한다. 아담의 출생은 빈혈증으로 죽음에 직면한 누나를 살리기 위한 선택이었으며, 결과적으로 몰리와 아담은 행복한 가족의 일원이 되었다.

배아 복제 찬성론자들은 인간 배아 복제가 여러 가지 난치병을 해결하기 위한 유용한 수단이 될 수 있고, 결과적으로 더 윤리적이라고 주장한다. 가령, 인간 배아 1개를 배양해 5개의 장기를 얻었다고 하자. 생각할 수도 없고 고통을 느낄 수도 없는 배아 1개의 희생을 통해, 심한 고통을 느끼며 삶에 대한 애착을 가지고 있는 5명의 생명을 살린다면 결과적으로 더 큰 이익이 아닌가. 이는 공리주의적 관점에 해당한다. 2010년 이후 세계 곳곳에서 배아 줄기세포를 이용해 장기 손상 환자를 치료하는 임상 시험이 이루어지고 있다. 연구가 성공적으로 이어진다면 그동안 불치병으로 여겨져 왔던 척수손상이나 암 등을 치료할 수 있을 것이다.

한편, 배아 복제에 대한 반론도 만만치 않다. 아무리 목적이 선하다고 해도 어떤 목적을 이루기 위해 생명을 탄생시키는 것은 옳지 않다

52 — 헌법재판소 2005헌마346 결정(2010. 5. 27), 배아는 수정이 된 상태이므로 생명의 첫 단계로 볼 수 있지만 모체에 착상되기 이전의 배아는 인간과의 개체적 연속성을 확정하기 어려우며, 배아가 인간으로 인식된다거나 그와 같이 취급되어야 할 필요성이 있다는 사회적 승인이 존재한다고 보기 어렵다고 판단했다.

는 시각이다. 어찌 됐든 아담 내쉬는 의학적 치료를 위한 일종의 도구로 태어났다는 비판을 받아야 한다는 것이다. 또 아담으로 자라날 배아를 선택하기까지 30개 정도의 배아가 파기되었다는 문제도 있다. '배아는 인간과 동일한 존엄성을 갖는 존재인가'에 관한 문제는 배아 복제의 윤리적 문제와 연결된다. 배아는 여성의 자궁에 착상하기 이전 상태의 수정란이므로 인간으로 볼 수 없다는 의견이 있다. 우리나라에서는 배아가 인간으로서 법적 존엄과 가치를 갖지 못한다고 헌법재판소가 판단한 바 있다.[52]

반면, 배아는 인간과 거의 동일한 존엄성을 갖는다는 주장도 강하게 제기되고 있다. 인간의 생명은 수정 직후부터 시작된다고 보는 것이다. 수정란, 배아 그리고 태아는 인간과 동일한 46개의 고유한 염색체를 가지고 있어 세상에 하나밖에 없는 유일한 존재이자 완전한 생명체라고 볼 수 있다. 배아 선택 또는 배아 복제를 하게 되면 수많은 배아들이 손상되거나 폐기 처분되는데, 이는 작은 인간들이 현미경 아래에서 무참히 살해되는 셈이다.

이 논쟁은 앞으로 어떻게 전개될 것인가? 지금은 배아의 존엄성을 인정하는 쪽에 좀 더 무게가 실려 있다. 배아가 인간이 아니라는 점이 명확하게 밝혀지기 전까지는 배아가 인간으로서의 존엄성을 갖는다고 봐야 한다는 것이다. 따라서 당분간 배아 복제 연구는 생명윤리적 제한을 엄격하게 적용한 상태로 지속될 것으로 보인다.

인간 부품 공장

자동차를 구성하는 부품이 고장 나면 카센터에서 새로운 부품으로 교체하면 된다. 마찬가지로 인간의 몸을 구성하는 주요 장기가 고장 나서 생명이 위태로울 때 지금의 장기와 생리적 특성이 동일한 신품을 장착할 수 있다면, 불치병 치료와 평균수명 연장에 큰 도움이 될 것이다. 200세 인생이 가능할 수도 있고, 어쩌면 불멸의 인간이 만들어질 수도 있다. 이런 발상에 기초해 배아 줄기세포[53] 연구가 진행되고 있다.

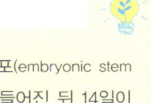

53 — 배아 줄기세포(embryonic stem cell)란 수정란이 만들어진 뒤 14일이 경과하지 않은 세포이다. 기관의 분화는 이루어지지 않았으나, 신체의 각 부분으로 분화시킬 수 있는 잠재력을 가지고 있다.

동물의 장기나 타인의 장기를 내 몸에 이식하는 일은 매우 어렵다. 복잡한 면역반응에 따른 부작용이 있고, 장기를 제때 필요한 양만큼 얻는 것이 쉽지 않다. 그런데 배아 줄기세포는 인체의 각 기관으로 분화될 수 있는 능력을 가지고 있다. 지금까지 연구를 통해 피부, 혈액, 신경 등으로 분화될 수 있다는 사실이 실험적으로 증명되었다. 어떤 사람이 태어나기 전 배아 상태일 때 배아 줄기세포 일부를 확보해 냉동 보관해 두면, 성인이 되어 인체의 장기 일부가 훼손되었을 때 배아 줄기세포를 목적에 맞게 배양해 그 조직을 대체할 수 있다는 말이다. 이렇게 만들어진 장기는 그 사람의 생물학적·유전적 특성을 완벽하게 지니므로 각종 거부반응이 전혀 생기지 않는다는 장점이 있다.

한편 배아 상태에서 줄기세포를 확보하는 것이 현실적으로 쉽지 않기 때문에, 다른 대안으로 체세포 핵이식 기술이 검토되고 있다. 주요 장기가 손상된 사람이 있다고 하자. 이 사람의 체세포에서 유전 정보가 담긴 핵을 추출하고 핵을 제거한 난자에 심어서 배양한 뒤 줄기세포를 만든다. 이렇게 만들어진 줄기세포로 인간을 만드는 것이 아니라, 필요한 인체 조직만 합성한다. 하지만 이 방법도 수많은 윤리적, 사회적, 의학적 논란을 불러일으키고 있다. 연구나 실행 과정에서 수많은 배아가 희생된다는 것이 가장 큰 문제이다. 배아의 윤리적·법적 지위는 앞에서 설명한 바 있다. 또 다른 문제는 새로운 종류의 암이나 바이러스의 출현이다. 유전자가 조작되고 복사되는 과정에서 예상치 못한 불의의 생물학적 사고가 발생할 수도 있다.

현재 동물을 이용한 인간 장기 생산에 관한 연구도 이루어지고 있다. 두 가지 방법이 있는데, 첫 번째는 동물의 유전자를 조작해 인간에게 이식할 수 있는 유전적 특성을 갖는 장기를 만드는 방법이다. 특정 사람의 유전자에서 면역 정보를 빼낸 뒤, 돼지의 유전자에 복사해 유전적으로 변조된 돼지를 만든다. 이와 같이 특정인의 유전적 특성을 가진 돼지의 심장을 사람에게 이식하면 면역 거부반응을 일으키지 않는다. 이 기술은 현재 상당한 수준으로 개발되어 있다.

두 번째는 동물의 난자를 채취하여 핵을 제거하고 인간 체세포의 핵을 주입한 뒤 줄기세포를 만드는 방법이다. 인간의 난자를 이용하지 않으므로 좀 더 현실적인 방법이라고 할 수 있다. 하지만 동물을 경유하는 장기 생산 방법 역시 윤리적, 의학적 논란을 일으키고 있다. 돼지의 심장, 폐, 콩팥을 장착한 사람이 과연 100% 사람이라고 할 수 있을까? 동물과 사람이 연계된 복잡한 유전자 조작 과정에서 우리가 예상치 못한 바이러스나 전염병 등 재앙이 생겨날 수도 있다.

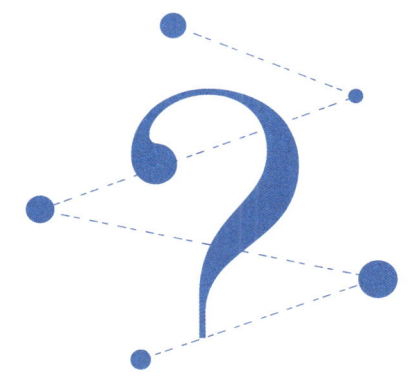

생각을 읽고 쓸 수 있을까

2

드림머신이라는 기계로 타인의 꿈에 접속해 생각을 빼낼 수 있는 미래 사회. 영화 〈인셉션〉의 주인공 돔 코브(레오나르도 디카프리오 분)는 타인의 생각을 읽어 내는 일을 일상적으로 하고 있다. 영화 안에서 그가 도전하는 새로운 임무는 다른 사람의 생각 속에 어떤 기억을 주입하는 일이다.

〈인셉션〉의 내용들이 점차 현실화되어 가고 있다. 현실에서 사람들의 생각을 읽어 데이터로 저장하는 기술이 부분적으로 이루어진다. 생각을 심을 수 있는 정도로 기술이 발전한다면 어떻게 될까? 지식과 추억과 경험마저 우리의 뇌로 입력시킬 수 있다면 세상은 어떻게 바뀔까?

영화 〈인셉션〉은 기계장치를 통해 다른 사람의 생각을 읽어 내거나 특정한 생각을 심는다는 내용을 담은 SF 영화이다. 이 영화의 내용이 부분적으로 현실화되어 가고 있다.

생각한다는 것은 무엇인가?

인간의 뇌의 크기는 대략 무게 1.5kg, 부피 1,200cc 정도이다. 화학적으로는 다양한 유기화합물(탄소, 수소, 산소, 질소)로 구성되어 있다. 다시 말해, 인간의 뇌를 구성하는 성분은 식탁에 오르는 두부나 양파와 별 차이가 없다. 그러나 우리의 뇌는 기억하고 사고하는 일련의 복잡한 역할을 수행한다. 어떤 메커니즘에 따라 그러한 기능성이 부여되는지는 알려진 바가 거의 없다. 뇌의 각 부분이 손상된 사람들이 보이는 장애를 관찰하면서 뇌의 부위별 기능성을 어느 정도 짐작할 따름이다.

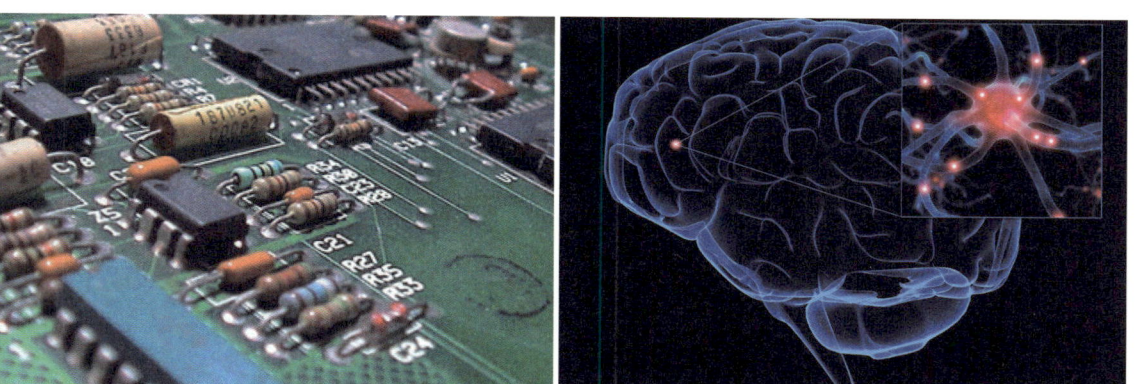

화학물질(Si, C, H, O)로 만들어진 전자회로는 계산은 할 수 있지만, 그 안에 의식이 머물지는 않는다. 반면 비슷한 화학물질(C, H, O, N)로 이루어진 인간의 뇌 안에는 의식과 감정이 존재한다.

    1861년 프랑스의 외과의사 폴 브로카1824~1880는 특이한 환자를 치료하고 있었다. 그 환자는 사고로 뇌를 다쳤는데, 사고 이후 '탄'이라는 말만 할 수 있었다. 어떤 질문을 해도 '탄'이라고 대답했다. 브로카는 환자가 죽은 뒤 뇌를 검사했는데, 왼쪽 측두엽이 심하게 손상되어 있었다. 이렇게 측두엽은 언어능력과 관련 있다는 사실을 알게 되었다. 그 이후로 지금까지 이런 방식의 임상적 연구가 누적되었고, 현재는 뇌의 각 부분이 어떤 기능을 담당하는지 대략적으로 추정이 가능한 상황이 되었다.

    뇌의 정신적 활동은 어떻게 이루어질까? 해부학적으로 뇌를 살펴보았을 때, 가장 특징적으로 관찰되는 것은 1,000억 개에 달하는 신경세포 뉴런neuron이다. 뉴런이 삼차원적으로 복잡하게 연결되면서 고도의 지능적 사고가 이루어진다는 것은 분명해 보인다. 뉴런에서 전기신

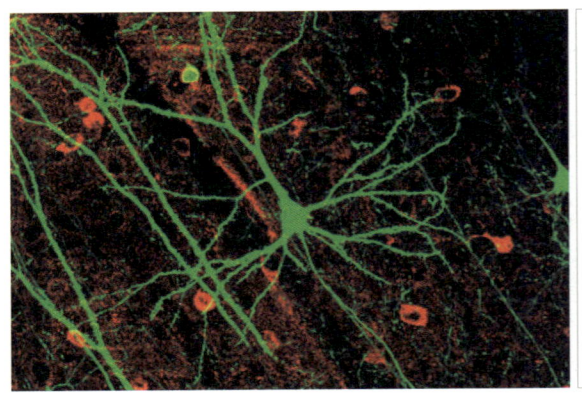
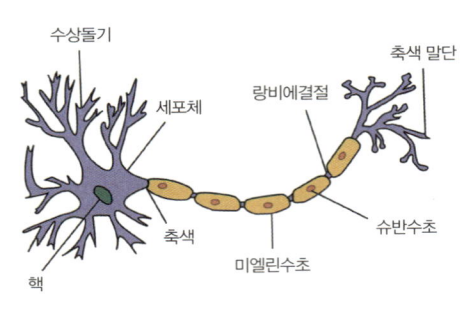

인간의 뇌를 구성하는 뉴런의 전자현미경 사진(왼쪽)과 세부 구조(오른쪽). 뉴런 세포는 축색(Axon)이라는 전깃줄을 통해 다른 뉴런과 연결된다. 각 뉴런이 가진 축색 말단(Axon terminal)은 다른 뉴런의 말단과 접속되는데, 이 연결 부위를 시냅스(Synapse)라고 한다. 이곳에서 전기신호가 화학물질로 변환되어 전달된다.

54 — 뉴런의 개수는 대략 1,000억 개로 우리 은하계에 있는 별의 개수와 비슷하다. 시냅스의 개수는 대략 100조 개 정도로 추정되고 있으며, 뉴런과 시냅스의 조합이 만들어 내는 경우의 수는 무한대이다. 시냅스 연결 부위의 간격은 약 20나노미터(nm)이다. 시냅스에서 신호를 전달하는 화학물질은 도파민, 세로토닌, 글루타민산염 등 수십 종의 물질이 발견되고 있다. 인간의 뇌는 작은 우주이고, 나노과학의 세계이며, 신비로운 전기화학 시스템이다.

호로 정보 전달이 이루어지고, 뉴런과 뉴런의 연결 부위인 시냅스synapse에서는 화학물질에 의해 신호가 전달된다고 알려져 있다.[54] 결국 뇌의 정보 전달 체계는 전기-화학물질-전기로 연결되는 일종의 전기화학 시스템이다. 평범한 물질로 이루어지고 전기화학 반응에 의해 작동하는 인간의 뇌 안에서 어떻게 의식이 생겨나고 정신이 머무는 것일까? 아직은 많은 부분이 베일에 가려져 있다. 이제 뇌와 관련된 몇 가지 중요한 이슈를 살펴보자.

뇌와 관련된 이슈들

① 내가 외운 구구단은 어느 곳에 기록되어 있을까?

아침에 전철 옆자리에 앉아 있던 사람의 옷차림이 어렴풋이 기억난다. 수십 년간 외우고 활용한 구구단은 내 머릿속에 선명하게 각인되어 있다. 뇌 속에서 기억은 어떻게 이루어지는 것일까? 또 기억의 강도는 어떻게 조절되는 것일까?

기억은 분자 레벨, 세포 레벨, 시냅스 레벨에서 복합적으로 구축되는 것 같다. 단기적인 기억은 시냅스 연결망의 변화에 따라 형성되는 것으로 알려져 있다. 뇌에는 약 100조 개 정도의 시냅스가 존재하는데, 새로운 기억은 특정한 시냅스 연결 부위를 활성화시킨다.[55] 즉, 컴퓨터에서 비어 있는 메모리 셀에 비트가 저장되는 것과 같은 원리이다. 사람 이름이나 숫자를 반복해서 외우면 더 강한 기억으로 남게 된다. 이 현상은 어떤 원리로 이루어지는 것일까?

여러 가지 이론들이 제시되고 있는데, 그중 하나는 시냅스 부위에 동일한 신호가 반복적으로 자극되어 화학물질의 분비가 촉진되고, 그 결과 기억을 유도하는 화학물질의 덩어리가 생긴다는 이론이다. 또 시냅스 세포 자체가 변화한다는 견해도 있다. 기억 과정이 반복되면서 세포핵 안에 특정 유전자가 발현되어 새로운 단백질이 형성되고, 그 결과 시냅스 자체에 반

[55] — 100조 개의 시냅스 중에서 1%인 1조 개 정도가 기억소자로 사용된다고 가정해 보자. 1조라는 크기는 1테라비트에 해당하며, 120기가바이트(GB)로 환산된다. 이는 대략 보통 크기의 단행본 만 권 정도의 분량에 해당한다. 사람이 평생 만 권 정도의 책을 암기할 수 있다는 추론이 가능하다.

[56] — 《뇌와 마음의 구조》, 뉴턴코리아 (2012)

영구적인 변화가 일어난다는 이론이다.[56] 즉, 하드디스크나 CD에 디지털 비트를 기록하는 것에 비유할 수 있다.

② **물질로 만들어진 뇌 안에 어떻게 의식이 머무를 수 있을까?**

[57] — 의식(意識, consciousness)은 직접적이고 주관적인 체험을 의미한다. 사람은 깨어 있을 때 항상 무엇인가를 생각하거나 느끼고 있는데, 이것이 바로 의식이다.

전철에서 옆에 있는 사람들이 나누는 재미있는 대화에 나도 모르게 빠져든다. 길을 걷다가 천 원짜리 지폐를 발견한다. 이것을 주울 것인가 말 것인가? 잠시 고민에 빠진다. 이런 행위들은 나에게 의식[57]이 있다는 증거이다. 의식은 무엇일까? 뇌라고 하는 탄소화합물 속에 어떻게 의식과 감정이 존재할 수 있을까?

의식이 뇌의 전기화학적 반응에 따라 형성된다는 사실은 분명하지만, 구체적인 내용은 거의 알려져 있지 않다. 추측하건대, 전기신호뿐 아니라 화학물질도 어떤 역할을 하는 것으로 보인다. 파킨슨병 환자의 경우 기쁨의 감정을 잘 느끼지 못하는데, 뇌의 시냅스 부위에서 분비되는 도파민의 양이 줄어드는 경우가 많다고 한다. 반대로 마약을 복용할 경우 도파민의 분비가 증가하는 것으로 알려져 있다.

③ **뇌의 크기와 지능은 비례할까?**

지구상에 존재하는 모든 동물들의 몸무게와 뇌 무게를 비율로 환산하면

평균값이 300:1이다. 무게 60kg의 동물의 뇌 무게는 0.2kg이라는 말이다. 그러나 사람의 뇌는 1.4kg으로 평균값에 7배에 달한다. 뇌화지수(체중에서 뇌의 무게가 차지하는 비중)는 사람이 7, 돌고래가 5, 침팬지가 3 정도이고 고래나 코끼리는 1 정도다. 이러한 사실로부터 뇌가 클수록 대체로 지능이 높다는 일반론이 나올 수 있다.

그러면 같은 사람끼리는 어떨까? 뇌의 크기가 지능과 비례한다고 볼 수 있을까? 많은 연구 결과, 사람끼리는 상관관계가 거의 없다고 밝혀졌다.

④ 원숭이와 사람의 지능적 차이는 무엇일까?

원숭이도 기억하고 판단하는 능력이 있고 간단하게 의사소통도 할 수 있다. 하지만 원숭이 종족은 문명을 만들지 못했다. 그렇다면 원숭이와 사람의 지능적 차이는 무엇일까?

심리학자 웩슬러는 '지능이란 유목적적으로 행동하고, 합리적으로 사고하고, 환경을 효과적으로 다루는 개인의 종합적 능력'이라고 정의한 바 있다. 이 정의에 따르면 원숭이에게는 지능이 없다. 원숭이는 음식을 먹으려고만 할 뿐, 다이어트를 하지는 않는다. 체중이 무거워질 때 파생되는 문제점을 예측하고 조절하는 능력이 없다. 원숭이는 에피소드를 기억하지 못한다. 공감 능력이 없고, 맥락을 이해하지 못하고, 농담을 하지 못한다. 그래서 언어를 개발할 수도 없었다.

그렇다면 인간은 지능을 어떻게 갖게 된 것일까? 최근 연구 결과, 인간의

58 — 《지능과 마음의 과학》, 뉴턴코리아(2013)

뇌는 원숭이와 분명히 구조가 다르다고 한다. 예컨대 사람의 뇌에서 베르니케 영역(언어 정보의 해석을 담당하는 영역)의 크기는 유인원에 비해 6~7배 정도로 월등히 크다는 점, 하두정 소엽의 개수가 사람은 2개인데 유인원은 1개라는 점 등에서 물리적으로 다르다는 것이다.[58] 특히 하두정소엽은 비유를 이해하고 맥락을 파악하는 등 고도의 지능을 담당하는 것으로 알려져 있다. 결론적으로, 사람은 '진보한 유인원' 정도가 아니라 전혀 다른 차원의 지능적 뇌 구조를 가진 생명체라고 할 수 있다.

⑤ 피아노 연주를 하루 만에 배울 수 없는 이유는?

구구단은 하루이틀 정도면 암기한다. 피아노 음계의 원리는 한 시간이면 배운다. 그러나 쇼팽의 에튀드를 피아노로 연주하려면 5~10년 정도 꾸준히 연습해야 한다. 테니스도 마찬가지다. 포핸드와 백핸드 스트로크의 기본자세를 배우는 건 몇 시간이면 된다. 하지만 실제 게임에서 시속 100~200km의 속도로 날아오는 공을 제대로 받아 내려면 10년 이상 연습해야 한다. 왜 이토록 오랜 시간이 필요할까? 10년이라는 시간 동안 우리 뇌는 어떤 변화를 겪는 것일까?

현재 몇 가지 가설이 제시되고 있다. 먼저 시냅스 연결 부위가 화학적으로 강화된다는 주장이 있다. 어떤 것을 암기하거나 특정한 동작을 반복할 때, 신호를 전달하는 시냅스의 말단부에서 신경 전달 물질이 증강되어 분비된다는 것이다. 신호 전달 케이블이 강화된다는 주장도 있다. 각각의 뉴런 세포들을 연결하는 축색은 미엘린(myelin) 조직이라는 절연체로 둘러싸여 있다. 반복적으로 학습을 하면 이 미엘린의 두께가 점점 증가하고, 그 결과 전달되는 정보의 양과 전달 속도가 빨라진다는 것이다. 미엘린이 충분한 두께로 증가하려면 대략 1만 시간 정도 반복해야 한다.[59] 실제로 피아노, 테니스, 피겨스케이팅 등 빠른 속도의 기교적 동작이 요구되는 경우 대략 그 정도의 시간이 필요하다.[60]

[59] ─ SBS(2014.02.16.), "작심 1만 시간", 〈SBS 스페셜〉 352회

[60] ─ 피아노를 하루 3시간 연습하여 10년간 지속할 경우 대략 1만 시간을 채우게 된다. 이때 비로소 쇼팽의 에튀드나 폴로네이즈를 템포와 악상을 살려 연주할 수 있다. 테니스를 주 5회, 하루 2시간으로 20년 정도 지속할 경우 대략 1만 시간을 채우게 된다. 이때 비로소 동네 테니스클럽에서 중상급자 정도의 실력을 갖추게 된다.

⑥ 현실과 꿈은 어떤 관계가 있을까?

사람은 하루에 보통 6~8시간 수면을 취하지만 뇌는 쉬지 않는다. 뇌의 혈류량이나 산소 소모량은 수면의 유무와 무관하게 거의 동일하다. 수면 중에도 뇌는 심장과 폐의 운동을 제어하고 혈당과 체온의 항상성을 유지한다. 수면 중에 뇌는 퇴행성 장애를 일으키는 독소 물질들을 뇌로부터 걸러 낸다는 보고도 다수 발표되고 있다. 또 수면 과정에서 그날의 경험들이 정리되고, 단기 기억이 장기 기억으로 전환되는 등 다양한 작용이 일어나는 것으로 추정된다.

그렇다면 수면 중에 경험하는 꿈의 정체는 무엇일까? 이에 관해서도 여러 가지 가설이 제기되어 왔다. 정신분석학자 프로이트는 다양한 측면에

서 꿈을 해석했다. 우선, 꿈이란 하루의 경험이 기억으로 옮겨 가는 과정에서 잠깐 의식의 세계로 투영되는 잔상(day-residue)이라고 생각했다. 때로는 억눌린 욕망이 표출되는 과정일 수도 있다고 보았다. 현실 세계에서 실행하지 못한 어떤 행위로 생긴 억눌린 감정을 해소하면서 감정 에너지를 낮추는 치유의 과정이라고 파악했다. 꿈은 수면 상태를 유지하기 위한 일종의 방어 작용일 수도 있다. 추운 곳에서 잠을 잘 때 겨울 산행을 하는 꿈을 꾸는 경우가 있다. 왜 그런 것일까? 만약 꿈을 꾸지 않았다면 나의 신체는 추위를 감지하고 잠에서 깨어날 가능성이 높다. 그러나 추운 겨울과 관련된 어떤 에피소드가 꿈을 통해 전개된다면, 나의 신체는 추위를 당연한 것으로 인식하고 수면을 유지하게 된다.

⑦ 내가 보는 사과의 색은 다른 사람이 보는 사과의 색과 같을까?

식탁에 빨간 사과가 놓여 있다. 나의 눈과 뇌는 사과의 색을 빨간색으로 인식한다. 그렇다면 옆에 있는 친구의 눈과 뇌는 그 색을 어떤 색으로 볼까? 물론 나와 친구는 사과의 색이 빨간색이라고 똑같이 말하지만, 과연 내가 보고 있는 색상과 친구가 보는 색상이 완전히 동일할까? 사과의 빨간색이 발산하는 파장은 700nm에 해당한다. 이 파장은 망막을 자극하고, 이는 전기적 신호로 변환되어 뇌의 특정 부위로 전달된다. 그러면 뇌는 전기적 신호를 '빨간색'이라는 느낌으로 복원한다. 바로 이 단계에서 각 사람이 동일한 색상으로 느끼는 것인지 여부는 확인할 길이 없다.

각 사람이 시각, 청각, 촉각으로 인지하는 모든 감각이 서로 완전히 일치하는지 확인하는 것은 불가능하다. 뇌로 인지하는 데이터를 외부로 복제하거나 비교할 수단이 없기 때문이다. 개인이 사물을 느끼는 고유 감각을 퀄리아(qualia)⁶¹라고 한다. 나는 사회 공동체 안에서 이웃과 어울려 살아가고 있지만, 나의 감각과 의식은 철저히 독립되어 있다. 내가 느끼고 있는 이 세상은 오직 나만이 배타적으로 접근하고 있는 것이다.

> 61 ― 시각, 청각, 후각을 비롯한 모든 감각에서 자신이 인지하는 감각의 질을 의미한다. 자신의 생물학적 특성, 지식 및 경험과 관련된 매우 복잡하고 고유한 반응이다. 그래서 사과의 빨간색을 볼 때 느끼는 색감과 감정은 각 사람마다 다르다.

⑧ 나의 정체성은 어떻게 만들어진 것일까?

산책길에 두 갈래 갈림길이 나왔다. 이때 내가 설정한 여러 가지 기준(산책에 할당된 시간, 나의 체력 조건, 두 갈래 갈림길이 각각 주는 느낌, 현장에서 다른 사람들의 반응 등)에 의해 한 가지 길을 선택한다. 그 누구도 내 선택에 관여하지 않는다. 이처럼 내가 세운 기준에 따라 내가 선택하는 것을 자유의지라고 한다. 인간의 중요한 특징인 자유의지는 어떻게 생기는 것일까? 곤충이나 원숭이에게도 자유의지가 있을까?

자유의지는 삶의 목적을 전제로 한다. 스스로 희망하지 않거나 무작위로 행동하는 것은 자유의지라 할 수 없다. 내 키가 좀 더 컸으면 하고 바라거나, 어제 하루의 일을 반성하며 오늘 하루의 일과를 계획하는 모습은 내가 정체성과 자유의지를 가진 인격적인 존재임을 보여 준다. 이러한 자유의지를 곤충이 갖고 있다고 보기는 어렵다.

뇌는 나의 사고, 의지, 육체가 다른 사람이 아닌 바로 나의 것이라는 뚜렷한 구별 의식을 갖게 한다. 단순한 지능을 넘어 자아 정체성과 자유의지가 어떻게 뇌 안에서 형성되는 것일까? 이에 관해 알려진 바는 거의 없다. 인간의 뇌는 우주 창조에 비견될 정도로 엄청난 미스터리다. 현재 인간의 유전자 지도가 작성되고 있는데, 뇌 지도는 그보다 훨씬 더 어려운 과제가 될 것이다. 어쩌면 영원히 풀지 못할 숙제로 남을지도 모른다.

"만약 우리가 이해할 수 있을 정도로 뇌가 단순한 것이라면, 우리는 너무 단순해 뇌를 결코 이해할 수 없을 것이다." -이언 스튜어트

생각을 훔칠 수 있을까?

가끔씩 거대한 정치 범죄 혹은 경제 범죄가 국가를 뒤흔드는 경우가 생긴다. 수많은 피의자들이 검찰에 소환되지만, 대부분은 혐의를 부인한다. 심증적으로는 혐의가 분명하지만, 범죄를 부인하는 피의자의 모습을 볼 때 이런 생각이 든다. '피의자의 마음을 읽어서 모니터에 표시할 수 있다면 얼마나 좋을까?' 생각을 읽을 수 있으면 많은 일이 가능해진다. 자동차 블랙박스도 불필요하다. 나의 뇌로부터 내가 보았던 사고

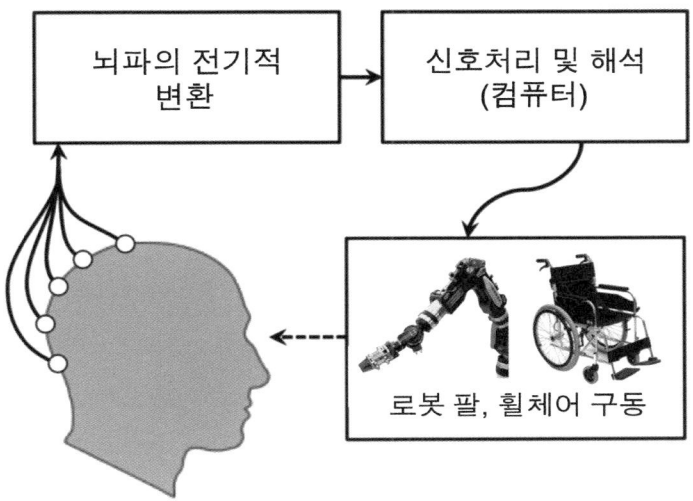

미국 브라운대에서 개발한 브레인 게이트(Brain Gate)는 인간의 생각을 컴퓨터로 읽어 기계를 움직일 수 있다.

당시의 상황을 읽어 내면 되니까. 백화점 매장에서 맡았던 샤넬 5번 향수의 냄새를 디지털 코드로 읽어 친구에게 전송해 줄 수도 있을 것이다.

이러한 일들이 일어나기 어려울 것 같지만 어쩌면 쉽게 구현될지도 모른다. 뇌의 모든 작용은 전기신호와 화학물질의 분비로 이루어지므로, 전류와 화학물질의 양을 측정해 유의미한 정보로 변환하면 된다. 이처럼 인간의 생각을 읽어 내는 마인드 레코더가 서서히 개발되고 있다.

2004년 미국 브라운대학교에서 의미 있는 첫걸음을 뗐다. '브레인 게이트Brain Gate'는 미세한 100개의 전극이 담긴 칩을 뇌에 이식해 인간의 생각을 외부 컴퓨터로 받는 인터페이스 장치이다. 미국인 네이글은 사고로 머리를 제외한 모든 신체 부위가 마비되었는데, 이 장치로

62 — 여러 가지 방법들을 시도해 볼 수 있을 것이다. 생각이 흘러가는 시냅스 부위에서 생성되는 자계 또는 전자파를 비접촉으로 스캔하는 방법 등을 생각해 볼 수 있다.

기적을 경험했다. 브레인 게이트는 네이글의 특정한 생각(마우스 오른쪽을 클릭하거나 라디오 스위치를 커는 것 등)이 만들어 내는 뇌의 전기신호 패턴을 분석했고, 이를 기초로 컴퓨터 마우스를 조작하거나 전자 기기의 스위치를 개폐했다.

허친슨 부인 역시 머리를 제외한 신체 모든 부위가 마비된 상태로 타인의 도움 없이는 물 한잔도 마실 수 없었다. 2011년 브라운대와 하버드대 공동 연구진이 지켜보는 가운데, 허친슨 부인은 커피를 먹겠다는 생각을 떠올렸고 이 생각을 읽어 낸 브레인 게이트가 로봇 팔을 구동시켜 마침내 그녀는 커피를 마실 수 있었다.

그렇다면 브레인 게이트를 이용해 생각만으로 타이핑을 하는 것도 가능할까? 지금은 불가능하다. 브레인 게이트의 탐침은 겨우 100개에 불과해 뇌를 구성하는 1,000억 개의 뉴런이 발생시키는 신호를 모두 수집할 수 없다. 만약 각각의 뉴런이 동작하는 신호를 검출할 수 있다면,[62] 사람의 생각을 정확하게 읽을 수 있을 것이다. 생각만으로 로봇을 조정하고 내가 느낀 향수의 향을 데이터로 읽어 내는 게 가능하다는 말이다.

그런데 이러한 '마음 읽기mind reading' 기술을 개발한다고 해서 삶의 질까지 높아질까? 일단 신체장애를 가진 사람들의 삶의 질은 크게 개선되리라고 본다. 뇌만 살아 있다면 모든 활동이 가능하다. 목소리 없이 대화도 할 수 있다. 나의 경험, 추억, 감정을 읽어서 데이터로 저장해 둘 수도 있다. 예술가와 과학자들이 생각했던 생각의 흐름을 따로 저장해 놓아도 된다. 물론 부작용도 있을 것이다. 강압에 의한 '마음 읽기'가 가능하므로, 은행 비밀번호나 국가 기밀을 탈취하기 위한 납치 범죄가 증가할 수도 있다.

궁극적으로는 나의 정신세계를 모두 읽어 내고, 이를 컴퓨터 서버 또는 로봇에 업로드 하는 기술이 개발될지도 모른다. 나의 정신과 경험이 모두 기계로 옮겨지면 명실상부한 나의 아바타가 만들어진다.[63] 나의 기억과 경험은 기계로 복사된다. 한걸음 더 나아가 나의 자아와 자유의지까지 복사해 낼 수 있을까? 기계화된 자아는 나 자신과 동등성을 유지할 수 있을까? 만약 가능하다면, 이는 '기계 인간 homo machina' 혹은 '인공 인간 homo artificialis'이라는 새로운 인류의 탄생을 의미한다.

63 — 2012년 러시아의 부호 이츠보프는 '2045 아바타 프로젝트'를 시작했다. 30여 명의 과학자들이 참여해 이츠보프의 정신을 기계로 이식하는 일련의 연구 사업이다.

64 — "Cell Reports" Vol. 11, 2015 pp. 261~269

생각을 심을 수 있을까?

2015년 일본 도야마대학교의 이노구치 교수팀은 쥐의 뇌를 자극해 두려운 기억을 심는 실험에 성공했다고 발표했다.[64] 실험용 쥐가 무서움을 느끼는 환경에 노출되었을 때 뇌의 편도체 부위가 자극된다는 사실을 발견했고, 이 부위를 자극해 안전한 환경에 있는 실험용 쥐가 무서움을 느끼도록 한 것이다. 연구진은 반복된 실험으로 무서움을 느끼는 부위는 편도체이고 안전함을 느끼는 부위는 뇌의 해마 부위라는 사실을 관찰했다. 이로써 뇌의 특정 부위를 자극해 위험 또는 안전을 인

위적으로 느끼게 할 수 있다는 가능성을 제시했다. 이 기술이 발전되면 인간에게는 어떻게 적용할 수 있을까? 파킨슨병 환자나 우울증 환자를 치료할 목적으로 뇌의 특정 부위를 자극하는 시술이 가능하지 않을까?

2016년 여름, 미국 컬럼비아대 연구진은 쥐의 뇌에 특정한 기억을 심는 실험에 성공했다. 빛에 민감한 단백질을 쥐의 뇌세포 안에 넣고 레이저광으로 해당 뇌세포를 활성화시켜 쥐가 전혀 몰랐던 이미지나 기억을 갖도록 했다. 이 연구는 살아 있는 생명체의 뇌에 정보를 기록할 수 있다는 가능성을 시사한다.

인간의 뇌에도 기억과 정보, 경험을 심을 수 있을까? 현재로서는 매우 힘들어 보인다. 지금의 과학 기술로는 1,000억 개의 뉴런 세포가 동작하는 메커니즘을 정확히 알 수 없다. 특정 부위가 어느 감각의 정보를 처리한다는 정도만 알고 있다. 뇌는 물리적 구조물과 정신이 어우러지는 유기적인 복합체다. 인간의 뇌는 컴퓨터와 다르다. 컴퓨터는 인텔사가 만든 하드웨어와 마이크로소프트사가 만든 소프트웨어가 명확히 구분되어 동작한다. 하지만 뇌는 탄수화물로 만들어진 뉴런이라는 물리적 구조물과 우리의 정신세계가 서로 어우러져 있다. 우리의 두뇌는 단순히 0, 1의 방식으로 동작하는 기록 체계가 아닌 매우 복잡한 하나의 시스템이다.

우리 집 밥상의 GMO

3

    미국에는 세계 최대의 농화학 기업인 몬산토Monsanto사가 있다. 몬산토사는 1960년대 베트남전쟁 때 밀림을 제거하기 위해 뿌렸던 고엽제Agent orange를 생산한 기업이다. 전쟁이 끝난 뒤 고엽제 사용이 금지되면서 이 회사는 친환경적 제초제를 개발하는데, 이것이 라운드업Roundup이다. 라운드업은 저렴하면서도 강력한 제초제였지만 한계가 있었다. 특정 잡초만 제거하는 선택적 제초제가 아니라 모든 식물을 죽이는 비선택성 제초제였다. 1974년에 개발되어 수십 년간 매출 규모가 얼마 되지 않는 시시한 제초제에 불과했다. 하지만 2000년대 들어 세계적으로 연간 5억 톤 이상(시장 규모 60억 불 이상) 사용되고 있고, 단일 제품으로 세계에서 가장 많이 팔리는 농약이 되었다. 그동안 대체 무슨

1994년 다국적 GMO 기업인 몬산토사에서 개발한 '라운드업 레디 콩'. 콩밭에는 한 포기의 잡초도 보이지 않는다. 어떻게 된 것일까?

65 ─ 유전자 조작 식품(GMO, genetically modified organism)은 생산량의 증대 또는 재배, 유통, 가공 등의 편의를 위해 유전자를 조작해 변형시킨 농수산품을 말한다. 한글로는 '유전자 조작 식품(학계 또는 GMO에 부정적인 진영)', '유전자 변형 식품(농림축산식품부)', '유전자 재조합 식품(식품의약품안전처)' 등으로 다르게 번역하지만 대상은 모두 동일하다.

66 ─ 'Roundup-Ready'는 비선택성 제초제 'Roundup'에 견디기 때문에 붙은 이름이다.

일이 일어났던 것일까?

미국 루이지애나 주에 위치한 몬산토사의 공장 내부에는 연못이 하나 있었다. 연못에는 라운드업 제초제의 주성분인 글리포세이트가 축적되어 어떤 생물체도 살기 어려웠다. 그런데 우연히 몬산토사의 엔지니어들이 연못에 생존하고 있는 박테리아를 발견했다. 그들은 박테리아가 글리포세이트 성분을 견뎌 낼 수 있었던 DNA 정보를 추출해 콩에 이식하는 데 성공했다. 이러한 과정으로 탄생한 유전자 조작 식품[65]이 바로 '라운드업 레디 콩'[66]이다.

이 기술은 밀, 옥수수, 목화 등 다양한 작물에 적용되어 '라운드업 레디'

제품이 개발되었다.

제초제 '라운드업'과 유전자 조작 '라운드업 레디' 작물은 환상의 콤비가 되어 경작의 번거로움을 크게 경감시켰다. 농부가 할 일은 단 두 가지로 줄어들었다. 첫째, 봄에 '라운드업 레디 콩'을 파종한다. 둘째, 밭에 콩과 잡초들이 뒤섞여 자라 있으면 '라운드업' 제초제를 뿌린다. 그러면 모든 잡초들이 제거되고 콩만 살아남는다. 이 제품의 개발로 농작물 재배의 편의성이 획기적으로 높아졌을 뿐 아니라, 농산물의 가격도 확 낮아졌다. 당연히 '라운드업' 제초제와 '라운드업 레디' 작물의 매출은 폭발적으로 증가했다.

우리 식탁을 점령한 GMO

2016년 현재 전 세계적으로 유전자 조작 농작물이 재배되는 면적은 전체 농경지의 12~13%에 해당할 정도로 방대하다. 구성비를 보면 콩이 51%로 가장 많고, 옥수수30%, 면13%, 카놀라5% 순으로 알려져 있다. 역사상 최초의 GM 농산물은 1994년 미국 칼젠사가 개발한 플래버 세이버Flavr Savr라는 상표의 토마토이다. 토마토는 자라는 과정에서는 딱딱한 상태가 유지되지만, 수확한 이후에는 물러지는 특성이 있어 유통과 보관이 번거롭다. 토마토가 물러지는 이유는 폴리갈락투로나아제polygalacturonase라는 효소가 발생하기 때문인데, 칼젠사는 이 효소의 발생을 억제하는 유전자를 토마토에 첨가했다. 이렇게 개발된 플래버 세이버 토마토는 수확 후에도 오랜 기간 단단한 상태를 유지했다.

1994년 몬산토사가 개발한 '라운드업 레디 콩'은 상업적으로 가장 성공한 GM 농작물이다. 2014년 기준으로 '라운드업 레디 콩'이 재배되는 면적은 전 세계적으로 90만 km^2에 달하는데, 이는 전 세계 콩 재배 면적의 82%에 해당한다. 우리 식탁에 오르는 다양한 콩 제품 가운데 상당 부분이 유전자가 조작된 콩인 셈이다. BT 옥수수는 내충성을 갖는 유전자 조작 옥수수이다. 이 옥수수에는 '바실러스 트린기엔시스 Bacillus thuringiensis, BT'라는 살충성 독소 단백질의 유전자를 넣어, 옥수수의 잎이나 꽃가루에 들어 있는 독소에 의해 해충이 죽게 된다. 살충제 사용을 줄일 목적으로 북미를 중심으로 재배하고 있으며, 미국에서 재배 면적은 옥수수 전체 재배 면적의 20%에 이르고 있다.

GM 농작물의 종류는 주로 콩과 옥수수이지만 점차 그 범위가 확대되고 있다. 2009년에 중국 정부는 자체적으로 개발한 유전자 조작 쌀의 재배를 승인했고, 2010년에 유럽 연합은 산업용 유전자 조작 감자의 재배를 승인했다. 지금까지 GM 농작물은 제초제에 대한 내성이나 해충에 대한 저항성에 초점이 맞추어져 있었는데, 앞으로는 농작물의 비타민 함량 강화, 트랜스 지방산 감소, 가뭄에 대한 내성, 바이러스나 세균에 대한 내성 등 다양한 기능성을 부여하는 방향으로 이루어질 것이다.

그럼 유전자 조작 축산물의 현황은 어떨까? 세계에서 매년 도축되는 닭은 400억 마리에 달하고, 한국에서 1인당 연간 닭고기 소비량은 약 15kg에 이른다. 곡류뿐 아니라 육류도 유전자 조작 기술로 좀 더 생산성이 높은 종을 개발하는 단계에 이르고 있다.

가장 대표적인 품종은 미국의 육계 회사 코브반트레스사의 코브 Cobb 품종이다. '코브500'이라는 모델명이 부여된 닭 품종의 공식 소개 문구는 다음과 같다. '사료를 적게 먹는 닭으로 개량된 가장 효율적인 구이용 영계'. '코브500'은 기존 닭에 비해 몸집이 2배로 커졌고, 특히 근육이 가슴 부위에 몰리도록 설계되었다. 닭 가슴살에 대한 수요가 많기 때문이다. 보통 닭은 10주가 지나야 도축 가능한 체중에 도달하지만, 이 품종은 6주 정도면 도축이 가능할 정도로 빨리 자란다.

미국의 아쿠아바운티사는 1989년부터 GM 연어를 개발하기 시작했고, 2015년 FDA(미국 식품의약국)는 이를 승인했다. GM 연어는 성장호르몬 유전자를 조작해 통상 3년인 성장 기간을 16~18개월로 단축시켰다. 개발사는 GM 연어의 크기와 맛은 기존 연어와 거의 차이가 없고 오직 성장 속도만 빠르다고 주장하고 있다.

GMO와 관련된 이슈들

① 우리 집 식탁에는 GMO가 없을 것이다?

2015년 우리나라에 수입된 GMO의 전체 물량은 1000만 톤이 넘는다. 이 중 200만 톤 정도가 식용으로 사용되었고, 나머지 800만 톤 정도가 사료 또는 기타 공산품 제조에 사용되었다. 우리나라 국민 한 사람이 연간 먹어 치우는 GMO는 무려 40kg에 달한다. 이는 한 사람의 연간 쌀 섭취량 60kg과 엇비슷한 수준이다. 우리는 밥만큼이나 GMO를 많이 먹고 있는 셈이다. 한국은 GM 콩을 세계에서 가장 많이 소비하고 있다. 수입하는 식용 콩의 90%, 카놀라(유채)의 70%, 옥수수의 50%가 GMO이다. GM 농산품은 가공을 거쳐서 우리나라 마트에서 두부, 간장, 된장, 고추장 등 다양한 형태의 가공식품으로 판매되고 있다. 우리 집 식탁에 오르는 두부, 간장, 된장, 고추장을 만드는 콩의 절반 이상이 GMO일 것으로 추정된다.

그런데 일반인들은 대부분 GMO 식품을 섭취하는지 모르고 있다. 해당 제품 라벨지에 GMO 표시가 되어 있지 않기 때문이다. 우리나라는 'GMO 부분 표시제'를 시행하고 있다. 즉, GMO 그 자체가 주요 성분으로 사용되었을 때만 라벨지에 표시한다. GMO 콩을 사용하여 식용유를 만들었다면, 콩의 DNA 또는 단백질이 식용유에 남아 있지 않기 때문에 제품 라벨에 GMO 표시를 하지 않는다. 콩 성분이 기름 성분으로 바뀌었기 때문이다. 라면을 GMO 식용유에 튀겼을 경우에도 표시하지 않는다. 라면의 성분에서 튀김유는 주요성분이 아니기 때문이다. EU를 비롯한 세계 대부분의 나라들은 'GMO 완전 표시제'를 시행하고 있다. GMO를 원료로 다른 단백질을 합성하거나 극미량이라도 GMO가 포함되어 있을 경우 이를 표시하는 방식이다. 미국, 캐나다 등 GMO 생산국들은 GMO 자율 표시제를 시행하고 있다.

우리나라에서는 소비자들이 대체로 GMO 완전 표시제를 희망한다. 소비자의 알 권리를 보장해 달라는 것이다. 하지만 정부와 식품업체는 완전 표시제에 반대한다. 이유는 크게 세 가지로 정리된다. 첫째, 우리나라에서 GMO는 나쁜 것이라는 인식이 강해 GMO의 충분한 안전성이 왜곡될 수 있다. 둘째, GMO의 단백질이 완전히 제거된 가공식품은 과학적으로

GMO로 볼 수 없다. 셋째, 완전 표시제는 결국 비GMO 원자재의 사용을 부추겨 물가가 상승할 수 있다는 것이다.

② GMO, 과연 안전한가?

GMO의 위험성에 관한 다양한 실험 결과들이 발표되고 있다. 1999년, 대표적 GM 제품인 BT 옥수수를 섭취한 제왕나비의 유충들이 모조리 죽은 임상 실험 결과가 저명한 학술지 《네이처》에 발표되었다.[67] 이 여파로 EU는 BT 옥수수의 판매 인가를 취소하는 등 큰 소란을 겪었다. 1998년 영국에서는 GM 감자를 먹은 쥐에게서 면역력 이상이 발견된다고 보고되었다. 2005년에는 러시아 연구진이 GM 콩을 섭취한 쥐의 출산 사망률이 매우 높다는 결과도 보고한 바 있다.

그러나 한편에서는 GMO가 안전하다고 주장하는 사람들도 있다. GMO 관련 글로벌 기업들은 GM 작물에 관해 충분히 안전성 검증을 하고 있고 현재까지 아무런 문제가 발견되지 않았다고 주장한다. 미국 곡물 협회는 GM 작물을 섭취해 인체에 문제가 생긴 경우는 단 한 번도 없다고 공식 입장을 밝혔다. 또 GMO의 위해성과 관련한 실험 결과들 가운데 대부분은 재현에 실패하고 있다. 적어도 통계학적으로는 아직까지 GMO가 인체에 위해하다는 뚜렷한 증거가 나오지 않았다. 하지만 약 20년밖에 되지 않은 GMO의 역사를 가지고 안전성 여부를 결론짓기는 너무 이르다는 의

[67] — 'Transgenic pollen harms monarch larvae', "Nature", Vol. 399, 1999, p. 214

견도 강하게 제기된다.

③ GMO는 오히려 건강한 생태계를 만들 수 있다?

현재 전 세계적으로 재배되는 GMO 농작물의 기능성은 대략 세 가지 정도이다. 제초제를 뿌려도 잘 죽지 않는 기능(제초제 저항성), 병해충이 침입해도 잘 버티는 기능(해충 저항성), 유통 및 보관성을 향상시키는 기능. GMO 옹호론자는 이러한 기능으로 농산물의 단위 면적당 생산량을 늘리고, 농약 사용 총량을 줄일 수 있다고 주장한다. 일견 타당한 면이 있어 보인다.

2011년 영국의 연구팀은 유전자 변형으로 조류인플루엔자(AI) 감염 위험성을 제거한 닭을 만들었다. 연구팀은 닭의 유전자에 AI를 유발하는 H5N1 바이러스의 증식을 막는 DNA 유전자를 이식했다. 이 닭은 외형적으로 일반 닭과 동일하고 식용으로 아무 이상이 없다고 한다. 이처럼 적절한 유전자 조작으로 인류와 지구 생태계에 치명적인 위협을 주는 질병을 피하는 게 긍정적으로 보이기도 한다. 그럼에도 우려는 쉽게 사라지지 않는다. 인류의 과학은 인간을 포함한 다양한 생물종의 유전자 설계도를 제대로 해독하지 못하고 있다. 유전자 조작 연구는 DNA 염기 서열을 바꾸어 생물 개체에 삽입하고 그 효과를 보는 방식이 주를 이룬다. 논리적 접근은 거의 불가능하며, 연구의 성과는 종종 예기치 않게 얻어진다. 목

68 — 'Airborne Transmission of Influenza A/H5N1 Virus Between Ferrets', "Science", Vol. 336, 2012, pp. 1534~1541

표물에 대한 조준 사격이 아닌, 총기 난사와 비슷한 개념이다. 따라서 유전자 조작의 부작용 역시 예상할 수 없다. 앞으로 일어날 일을 예상할 수 없다는 점이 GMO의 가장 큰 위험성이다.

④ GMO와 육종은 어떻게 다른가?

방울토마토와 씨 없는 수박은 분명히 개량된 종자이지만 GMO라고 부르지 않는다. 왜 그런가? 육종(育種, breeding)은 동일한 종 또는 매우 가까운 종들 가운데 우수한 형질이 있는 종과 교차 교배 및 선별의 과정을 통해 원하는 형질을 선택하는 기술이다. DNA 재조합의 주체는 생물종 자신이며, 이질적인 종과의 교배는 이루어지지 않는다. 유전자 배열은 달라지지만 근본적인 생리적 구조는 비슷하게 유지된다. 따라서 생물학적, 환경적 위험성이 낮다.

반면, GMO는 원하는 기능성을 갖는 유전자를 특정 생물종의 유전자에 주입하는 방식을 취한다. DNA 재조합을 실시하는 주체는 유전공학 과학자들이다. 그래서 전혀 다른 종의 유전자도 강제로 상호 교차하여 주입할 수 있다. '라운드업 레디 콩'의 경우, 제초제 내성을 가지는 바이러스의 DNA를 콩에 주입한 것이다. 과학자는 생물종을 만든 조물주가 아니므로, 이러한 변형 생물종이 일으킬 위험을 충분히 파악할 수가 없다.

⑤ GMO는 전 지구적 식량 부족 문제를 해결할 좋은 방법인가?

2017년 기준 세계 인구는 약 75억 명이며, 현재 추세로 증가한다면 2050년에는 100억 명에 달할 것으로 전망된다. 인구가 늘어나면 식량도 그에 비례해 늘어나야 하는데, 재배가 가능한 면적은 제한되어 있다. 현재도 식량은 부족한 상황이고, 미래에는 더욱 심해질 것이다. 따라서 GMO가 식량 생산량 증가에 기여할 수 있다는 사실은 분명해 보인다.

그러나 반론도 제기된다. 식량 위기의 본질은 생산이 아닌 분배의 문제라는 것이다. 지난 30년 동안 전 지구적 식량 생산은 폭발적으로 늘어났지만, 기아 인구는 오히려 많아졌다. 현재 전 세계의 식량 생산량은 필요 소비량보다 1.5배나 많은 상황이다. 즉, 식량의 분배가 제대로 이루어지지 않고 있다는 말이다. 또 GMO 곡물의 경우 많은 양의 제초제를 병행 사용하는데, 이는 중장기적으로 토양오염 및 자연 생태계 파괴를 가져와 식량 생산량이 오히려 줄어들 것이라는 주장도 제기되고 있다.

⑥ GMO 농산물은 빈곤국의 식량문제를 해결하는 효과적인 방법인가?

글로벌 GMO 기업들은 GMO 농산물이 빈곤국의 식량문제 해결에 기여할 수 있다고 주장한다. 실제로 이 기업들은 아프리카 등 빈곤국에 GMO 종자를 저렴한 가격에 판매하기도 한다. 단기적으로 GMO 종자는 빈곤국이 더 많은 양의 농산물을 수확하는 데 도움을 줄 수 있다. 그러나 중장기적으로는 글로벌 GMO 기업들의 이익에 무게가 더 실릴 가능성이 높다. GMO 특허권을 가진 글로벌 기업들은 종자의 가격을 언제든지 올릴 수 있기 때문이다.

결국 GMO는 다국적 종자 회사와 선진국의 배만 불려 주면서 전 세계적인 양극화를 심화시킬 수 있다. 빈곤국의 농부들이 다국적기업이 생산하는 GMO 종자에 의존할 경우, 19세기 아프리카와 아시아 대륙에 나타났던 유럽 열강의 식민주의가 또 다른 형태로 전개될지도 모른다.

⑦ 지구 생태계의 소유권을 누가 갖게 되는가?

태초부터 지금까지 콩, 옥수수, 연어 등 자연의 산물은 특허권 대상에 포함되지 않았다. 누구나 종자를 보관했다가 봄에 파종해 곡식을 거둘 수 있었다. 그러나 GMO 산업이 등장하면서 생물종도 특허권의 대상이 되고 있다. 전 세계 콩밭의 80%를 차지하는 '라운드업 레디 콩'을 파종하려면 몬산토사에 특허권 비용을 지불해야 한다.

몬산토사는 자사의 종자를 채종하여 재판매하지 못하도록 터미네이터 기술을 개발했다. 터미네이터 기술이란 성장한 식물이 만든 씨앗의 DNA가 스스로 파괴되도록 제어하는 유전자를 삽입하는 기술을 말한다. 지금 추세로 GMO가 확장된다면, 수십 년 후에는 세계 곳곳의 논밭에 몇 가지 대표적인 GMO 작물만 재배될 가능성이 높다. 이런 경우 지구 생태계를 몇몇 기업들이 소유하는 무서운 현실이 전개될 수도 있다. 자연에 존재하는

> 곡식과 어류와 가축에는 저작권이 없지만, 인간이 창조한 GMO에는 저작권이 붙는다.

글로벌 푸드 vs. 로컬 푸드

폭발적으로 증가하고 있는 세계 인구의 식량 문제를 해결할 대안으로 GMO 농작물이 현재 유력하다. GMO 농수산물이 지구온난화에 좋은 대책이 될 수 있다는 주장도 등장하고 있다. 지구온난화로 기온이 지나치게 상승하면서 식물 재배가 어려운 지역이 많아지고 있는데, 고온과 가뭄에도 견딜 수 있는 GMO 농작물이 대안이 될 수 있다는 것이다. 꽤 그럴듯해 보인다.

하지만 여전히 의구심도 남는다. 인류는 자연을 안전하게 조작할 힘과 지식을 충분히 가지고 있는가? GMO 개발만으로 지구의 식량과 환경 문제를 일거에 해결할 수 있을까? 지금도 기술적으로 많은 의문이 제기되고 있어 중장기적으로 지속 가능한 축복이 될 수 있을지 걱정스럽다. 그렇기 때문에 자연의 섭리 안에서 해결책을 찾는 것이 가장 안전하고 바람직하다.

예컨대 식량부족과 지구온난화 문제를 해결하기 위해 육식을 줄이고 채식 위주로 살아가는 것이다. 지구상에서 재배되는 농작물의 대부분은 인간의 식량이 아닌 가축을 위한 사료이다. 쇠고기 1kg을 생산하려면 사료용 곡물 약 10kg 정도가 필요하다. 소고기와 똑같은 양의 단백질을 생산하는 콩이 소비하는 물의 양은 소가 먹어치우는 물의 양보다 매우 적다. 육류 소비만 줄여도 지구상의 모든 GMO는 일절 필요가 없어지고 지구온난화의 문제도 자연스럽게 해결된다.

GMO보다는 유기농 농수산물이 앞으로 인류의 역사를 더 길게, 더 아름답게 지속시킬 수 있을 것으로 보인다. 유기농 농수산물은 수천 년간 지구 생태계 안에서 안전성이 확실하게 검증되었다. 물론 유기농 농수산물의 생산량은 많지 않겠지만 이에 맞추어 인구 규모와 삶의 패러다임도 조정하면 될 일이다.

또 로컬 푸드local food[69] 개념을 확장시키는 것도 인류 공동체를 건강하게 만드는 데 매우 유익하다. 현재 몬산토, 카길, 미들랜 등 거대 농식품 회사들의 제품들이 알게 모르게 우리의 식탁을 지배하고 있다. 글로벌 푸드global food의 안전성은 아직 제대로 확인되지 않아 장래에 어떤 위협으로 다가올지 모른다. 따라서 각 지역별 또는 가정별로 먹거리를 생산하는 것이 가장 안전하고도 자연 친화적인 방법이 될 수 있다. 내가 먹을 것을 내가 직접 준비하는 것이 제일 좋지 않겠는가![70]

69 — 장거리 운송을 거치지 않은 지역 농산물을 말하며, 더 구체적으로 반경 50km 이내에서 생산된 농산물을 지칭하기도 한다. 미국의 100마일 다이어트 운동, 일본의 지산지소(地産地消) 운동, 우리나라 전북 완주군이 중점 시행하고 있는 로컬푸드 운동 등이 있다.

70 — 각 가정에서 가족이 필요로 하는 식량을 확보하는 것이 가장 바람직하지만 쉬운 일은 아니다. 마을 공동체 단위의 로컬 푸드 시스템을 만드는 것이 오히려 현실적인 방법이다. 도시 농업도 대안으로 제안되고 있다. 아파트 베란다와 옥상을 활용한 텃밭, 타워형 수직 농장, 도심 안에 설치된 미니 농장 등이 실제로 곳곳에서 운영되고 있다. 이는 식량도 제공할 뿐 아니라 도심의 온도와 습도도 조절한다.

제 4 부

제2의 기계혁명

● "역사적으로 인류는 노동을 대체할 수 있는 새로운 기술의 잠재성을 늘 과대평가해 왔고, 기술을 보완하는 인간의 잠재성은 늘 과소평가해 왔다."

−마이클 돌라니

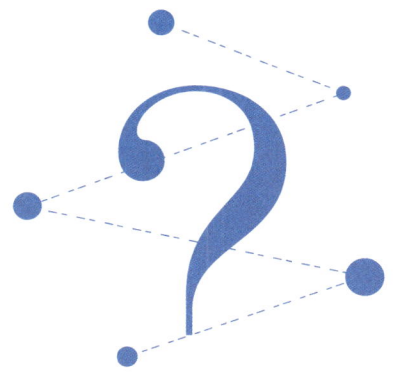

기계와 함께
걸어가는 방법

1

18세기 후반에 개발된 증기기관은 인간과 가축이 지닌 근력의 한계를 극복하게 했다. 21세기 정보 통신 기술은 인간의 정신적 능력의 한계를 확장시키고 있다. USB 메모리는 인간의 기억력을 크게 향상시켰으며, 인공지능은 인간의 사고력을 무한히 확장시키고 있다.

1770년경 제임스 와트1736~1819가 발명한 증기기관과 이로부터 촉발된 산업혁명은 인류 문명의 모습을 송두리째 바꾸어 놓았다. 기계의 힘으로 땅속 깊은 곳에 있는 석유를 채취할 수 있었고, 사람들은 기차를 타고 빠른 속도로 이동할 수 있었다. 에릭 브리뇰프슨은《제2의 기계 시대》에서 21세기를 살고 있는 우리는 새로운 변곡점으로 진입하고 있다고 보았다. 증기기관이 인간의 근력을 확장한 혁명이었다면, 컴퓨터와 디지털 기술은 인간의 정신력을 확장시키는 제2의 기계혁명을 촉발하고 있다는 것이다.

비트가 만들어 낸 새로운 세상

71 — 닮음을 의미하는 그리스어 'analogia'에서 유래되었다. 어떤 값이 닮은꼴로 연속적으로 변화한다는 것이다. 예컨대, 무지개의 색은 빨간색에서 보라색으로 연속적으로 부드럽게 변화한다.

72 — 손가락을 의미하는 'digit'에서 유래되었다. 컴퓨터의 연산은 0과 1의 두 가지 비트를 사용한다.

세상 만물은 아날로그analog[71]로 이루어져 있다. 세상을 구성하는 물질, 색깔, 온도, 압력, 높이는 모두 연속적으로 변화하는 아날로그 값이다. 디지털digital[72]은 만물의 특성을 숫자 0과 1의 조합으로 표현한다. 디지털은 새로운 기계 시대의 언어이다.

완전한 정보를 표현하는 아날로그 정보를 부정확한 디지털 정보로 굳이 전환하려는 이유는 무엇일까? 빠르고 완벽한 복제성 때문이다. 아날로그 정보는 완벽하지만 복제하기가 어렵다. 다빈치의 명작〈모나리자〉를 복제한 그림은 원작과 완벽하게 똑같을 수 없다.〈모나리자〉를 복제한 그림을 또 다시 복제할 경우, 그림의 내용은 원작과 더욱 멀어질 것

아날로그 음반(LP)을 복사할 경우 사본은 원본에 비해 음질이 떨어진다. 하지만 1과 0의 기호로 만들어진 디지털 음반(CD)을 복제할 경우 음질은 동일하다. 원본과 사본의 구분이 불가능하다는 것이 디지털 정보의 특징이다.

이다. 하지만 디지털 정보로 만들어진 MP3 파일은 아무리 복제해도 원본과 사본을 구별하기 어렵다. 한마디로 무한한 복제가 가능하다. MP3 파일은 샘플링 및 압축이라는 과정을 거쳐서 디지털 비트로 변환되므로 아날로그 원음에 비해 일부 정보가 손실된 부정확한 정보를 담고 있지만, 아무리 많은 복사 과정을 거쳐도 내용은 동일하다. 이것이 디지털이 가지는 매력적인 장점이다.

원본과 사본의 차이가 존재하지 않는 무제한 다중 복사가 가능하다는 것은, 원본의 가치가 소멸되고 정보의 독점적 소유가 거의 불가능하다는 것을 의미한다. 음악, 드라마, 영화 등을 담고 있는 디지털 파일을 매우 저렴한 가격에 또는 공짜로 복사할 수가 있는 시대가 되었다. 시간문제일 뿐, 모든 디지털 정보는 결국 무료화될 것이다. 그렇다면 무한 복제의 디지털 시대에 진정으로 가치 있는 것은 무엇인가? 복제될 수 없는 경험이라는 가치가 아닐까. 따라서 디지털 생태계는 소유의 경제로부터 경험의 경제로 전환될 것이라는 예상이 가능하다.

지난 수백 년간 이어져 온 전통적인 경제 패러다임은 큰 변혁을 맞고 있다. 가장 눈에 띄는 부분은 재화와 서비스의 온라인 유통이다. 디지털 생태계의 빠른 복제성, 표준성, 연결성이라는 특징 때문에 순식간에 세계적 대기업이 탄생하고, 정보의 비대칭성으로 말미암아 소득의 격차가 크게 벌어지고 있다. 디지털 문명에서는 권력의 패러다임도 변한다. 조직에서 개인으로, 생산자에서 소비자로, 관료에서 전문가로 중심축이 이동한다. 권력의 주체는 정보를 생산하고 통제하며 정보의 의미를 파악하는 사람들이다.

새로운 기계문명 이슈들

경제사학자 개빈 라이트는 경제, 사회, 문화적으로 커다란 변화와 진보를 이룬 아이디어나 기술을 '범용 기술General Purpose Technology'이라고 규정했다. 증기기관, 전기, 비행기 등이 이에 해당한다. 20세기 말부터 태동하여 급속히 팽창하고 있는 디지털 정보 처리 기술과 네트워크 기술은 우리 시대의 범용 기술로 굳어지고 있고, 인류 문명의 혁명적 변화를 이루고 있다. 그렇다면 새로운 범용 기술은 구체적으로 어떤 서비스 혹은 제품을 지향하고 있을까? 지금부터 몇 가지 중요한 이슈들을 살펴보자.

① 로봇

1970년대 이후 로봇 시스템이 산업 현장 곳곳에 서서히 등장하기 시작했다. 생산성 향상 및 비용 절감이라는 목적으로 만들어진 초기의 로봇은 자동화 기계에 가까웠다. 주로 자동차 공장의 용접 로봇이나 전자 기기를 조립하는 로봇 형태가 이에 해당한다. 지금은 로봇 기술의 발전으로 제조용, 개인 서비스용, 전문 서비스용 등 다양한 형태로 진화하고 있다. 로봇은 기계공학, 전자공학, 정보공학 등 다양한 분야가 융합된 기술을 필요로 한다.

향후 로봇 산업은 더욱 더 확대될 것으로 보인다. 특히 물류 시스템, 의료장비, 무기 및 감시 시스템, 우주개발 등에서 많은 역할을 할 것으로 예상된다. 앞으로 20년 정도 지나면 거의 모든 산업 생산에 로봇 기술이 적용되고, 하나의 산업이 아닌 국가 경쟁력 전체를 좌우할 정도로 중요한 이슈가 될 것이다.

② 무인 자동차

무인 자동차가 개발되고 있는 이유는 무엇일까? 세 가지 정도로 요약할 수 있다. 첫째, 위험 회피의 목적이다. 이스라엘군에서 운용 중인 정찰용 자동차, 위험 건설 현장에서 운용되는 무인 덤프트럭 등이 이에 해당한다. 둘째, 극한적 안정성의 확보이다. 우리나라에서 자동차 사고 사망자 수는 연간 만 명을 넘어선다. 기계적 판단으로 완벽하게 위험을 회피할 수 있는 자율 주행 기술이 개발되어 광범위하게 보급된다면 자동차 사고 사망률은 제로로 수렴될 수 있을 것이다. 셋째, 에너지 절약이다. 최적화된 운행은 에너지 소비량을 최소화한다.

2010년 구글에서 무인 자동차를 선보인 뒤, 전 세계 많은 기업들이 무인 자동차 개발에 박차를 가하고 있다. 벤츠는 2013년 시속 100km로 달리는 무인 자동차를 개발했고, 2014년 아우디 역시 유사한 기술을 공개했다. 비어 있는 주차 공간을 알아서 찾아가 주차하는 무인 자동차 기술도 속속 개발되고 있다. 2020년 전후로 고속도로 및 도심에서 무인 자동차 주행 기술이 안정적으로 확보되고, 2030년 전후로는 무인 자동차 통합 시스템 개발이 이루어질 것으로 예상된다. 즉, 모든 신호등과 주변 차량의 정보가 통합적으로 연계되어 완벽한 자율 주행 자동차 세상이 도래할 것으로 보인다.

한편, 무인 자동차의 상용화 단계에서는 기술적 이슈보다 법률적, 윤리적으로 복잡하고 민감한 문제들이 걸림돌이 될 것이다. 사고 회피 알고리즘을 어떻게 설정해야 하는지, 사고의 책임을 누구에게 물어야 하는지에 관한 어려운 문제들이 대두된다. 예를 들어, 무인 자동차가 내리막길을 주행하는 과정에서 갑작스럽게 브레이크가 파열돼 앞차를 추돌할 위기에 처했다고 하자. 이때 무인 자동차가 어떻게 동작하도록 알고리즘을 작성해야 할까? 앞차를 그냥 추돌해 무인 자동차 탑승자의 안전을 좀 더 고려해야 할까? 아니면 길 옆 가드레일에 부딪치도록 하여 앞 차량의 피해를 최소화하도록 해야 할까? 쉽게 결정을 내리기 어려운 문제다.

③ 드론

드론[73]은 원격으로 조종할 수 있는 무인 항공기다. 카메라, 위치 센서, 통신시스템, 프로펠러 등으로 구성되어 있다. 크기는 손톱만한 것부터 1톤이 넘는 것까지 다양하다. 초기의 드론은 정찰 목적의 군용으로 개발되었으나, 최근에는 촬영과 물품 배달 등 다양한 영역으로 확대되고 있다. 2013년 미국 아마존은 드론을 이용해 최대 2.3kg 물품을 싣고 16㎞ 떨어진 지역까지 배송 서비스를 시작했다. 2016년 뉴질랜드에서 한 피자 업체는 시속 30km 속도로 반경 6km 이내의 손님들에게 피자를 배달하는 드론 서비스를 시작했다.

앞으로 배송 서비스 분야에서 드론이 광범위하게 사용될 수 있을까? 당분간은 어려울 것이다. 일단 배송 물품의 크기와 배송 거리의 한계가 있다. 드론의 무게와 배터리의 용량이 제한되기 때문이다. 드론이 비행하는

> 73 — 'drone'은 원래 덜덜거리는 소리를 뜻하는 단어인데, 최근 무인 비행체를 가리키는 단어로 확대 사용되고 있다.

과정에서 사고가 날 수도 있다. 독수리의 공격을 받거나 강풍에 의해 추락할 위험이 있다. 공동주택의 경우에는 오히려 드론 배송이 불편하다. 미국이나 뉴질랜드 같이 개인 주택이 많은 나라에서는 마당에 드론을 착륙시키면 된다. 하지만 아파트 단지와 같은 공동주택이 많은 곳에서는 경비실로 배송해야 하므로 번거롭다. 이외에도 보안 문제, 해킹 문제 등 복잡한 문제들이 발생할 수 있다. 그러나 항공촬영, 농약 살포, 정찰 및 공격 등 군사적 목적으로 활용하는 드론은 장애 요인이 거의 없어 향후 급속한 발전을 거듭할 것으로 예상된다. 드론이 테러에 사용될 것이라고 우려하는 사람도 많다. 테러리스트가 드론에 위험 물질을 넣어 배달할 수도 있고, 총이나 미사일을 탑재해 공격할 수도 있다. 촬영용 드론이 많아질수록 사생활 침해 위험도 커진다.

이러한 한계에도 불구하고 드론 시장은 꾸준히 성장하고 있다. 종합적으로 보면 드론의 시장 전망은 밝은 편이다. 당분간 연평균 10% 정도 성장할 것으로 보이며, 2020년경에는 200억 달러 이상의 시장이 형성될 것으로 전망된다.

④ 사물 인터넷

모든 사람은 고유한 정보(이름, 주민번호 등)를 가진 독립된 개체로서 사회에서 다양한 활동에 참여하고 있다. 시계, 자동차, 냉장고 등 사물은 사람들이 사용하는 도구에 불과하다. 그런데 이와 같이 피동적인 사물에 고유 정보(IP 주소)를 부여하고, 물건끼리 통신하거나 때로는 사람들과 통신할 수 있도록 하는 것이 바로 사물 인터넷(IoT, Internet of Things) 기술이다.

지금까지는 인터넷에 연결된 기기들이 정보를 주고받으려면 인간의 조작이 필요했다. 하지만 IoT 기술로 연결된 사물들은 정해진 알고리즘에 의해 서로 정보를 주고받을 수 있다. IoT 기술이 적용된 냉장고는 상한 음식이 분출하는 냄새를 탐지해 주인의 스마트폰으로 보고한다. 외부에서 스마트폰으로 가정의 IoT 보일러를 가동하는 것은 이미 상용화되어 있다. IoT 드론은 배송 상황을 실시간으로 수령자의 스마트폰에 전송할 수 있다. 구글의 스마트 안경 '구글 글래스', 나이키의 건강관리용 스마트 팔찌 '퓨얼밴드' 등은 생체 정보를 컴퓨터로 전송하는 대표적 IoT 제품이다.

향후 IoT 기술이 폭발적으로 확대될 것이라는 전망은 확실하다. 나아가 IoT 기술은 만물 인터넷(IoE, Internet of Everything)이라는 개념으로 발전할 것으로 보인다. 세상의 모든 것이 네트워크로 연결된다는 발상이다. 이는 완전한 안전을 담보하는 무인 자동차 기술과도 맥을 같이한다. 궁극적으로는 모든 정보가 통합되고 연결되는 유비쿼터스 사회, 스마트 시티(Smart City)의 건설과 연결될 것이다.

⑤ 가상현실

디지털 정보는 쉽게 복제할 수 있다. 그러나 다른 사람의 경험을 내 것으로 복사하는 건 불가능하다. 또 나의 경험을 만들려면 돈과 시간과 노력이 소요된다. 그래서 값싼 비용과 짧은 시간으로 나의 경험을 만들기 위해 디지털 기술이 동원되기 시작했다. 이 기술이 바로 가상현실(VR, Virtual Reality) 기술이다.

2016년에 VR 기술 분야에서 단연 주목받은 제품은 오큘러스사의 '오큘러스 리프트' 제품이다. 머리에 탑재해 가상현실을 3D로 체험할 수 있는 기기이다. 사용자가 고개를 돌리면 그 방향으로 가상현실의 세계가 보인다. 무릎을 굽히면 물체가 올려다 보이고, 가까이 다가가면 가상 물체가 커진다. 이 제품을 사용하면 치열한 전쟁터의 한가운데서 전투에 참여할 수도 있고, 화성 표면을 걸어 다닐 수도 있다. 상당수 모니터상의 게임들은 멀지 않은 시기에 VR 형태의 게임으로 전환될 것으로 보인다. 궁극적으로는 데스크톱 형태의 컴퓨터가 헤드기어 형태로 전환될지도 모른다. VR 기술은 향후 더 고도화될 예정이다. 헤드기어가 제공하는 디스플레이는 인간의 시야와 더욱 흡사하게 제공될 것이다. 또 인체 각 부분의 움직임을 좀 더 정교하게 피드백하여 헤드기어로 전달하는 기술이 개발될 것이다. 그래서 거의 완전한 가상현실의 세계로 몰입할 수 있게 된다.

가상현실(VR) 기술과 비슷한 개념으로, 증강현실(AR, Augmented Reality) 기술이 있다. AR은 현실의 이미지나 배경에 3차원의 가상 이미지를 겹쳐서 하나의 영상으로 보여 주는 기술이다. 가장 대표적인 제품으로 '구글 글래스(Google Glass)'가 있다. 일반 안경처럼 눈에 착용하면 안경을 통해 인지되는 사물과 중첩되게 사진을 촬영하고 길을 안내받거나

SNS를 사용하는 것이 가능하다.

⑥ 3D 프린팅

종이에 정보를 인쇄하는 2차원 프린터는 이미 오래 전에 개발되어 직장과 가정에서 널리 사용되고 있다. 그렇다면 3차원적 물체를 인쇄할 수는 없을까? 1980년대 초 이러한 꿈이 현실로 나타나기 시작했다. 미국의 3D 시스템즈사는 원하는 형태로 플라스틱 물체를 가공하는 3D 프린터를 세계 최초로 개발했다. 개발 초기에 3D 프린터는 양산 이전의 시제품을 생산하는 데 주로 사용되었다. 그러나 최근 3D 프린터의 가치는 여러 분야에서 나타나고 있다.

2002년 미국에서 이루어진 샴쌍둥이 분리 수술 과정에 3D 프린터가 효과적으로 사용되었다. 분리 수술 부위에 해당하는 뼈 조직을 MRI로 촬영한 뒤 그 형상을 3D 프린팅으로 인쇄했다. 인쇄물에는 아이의 내장과 뼈가 실제와 동일하게 구현되었고, 이를 기반으로 충분히 수술 예행연습을 실시할 수 있었다. 3D 프린팅 기술은 이처럼 의료 영역에서 대단히 유용한 가치가 있다. 또 자신의 얼굴이나 고고학적인 유물 유적과 같이 고유한 형태가 중요한 경우, 3D 프린팅은 매우 효과적으로 활용될 수 있는 기술이다.

⑦ 빅데이터

2016년 11월에 미국의 45대 대통령을 뽑는 대선이 있었다. 선거 전 몇 달간 시행된 각종 여론조사에서 힐러리 클린턴의 압승이 예견되었고, 선거 직전 《뉴욕타임스》 등 각종 언론은 힐러리의 당선 가능성을 90% 전후로 예측하기도 했다. 그러나 결과는 도널드 트럼프 후보의 승리였다. 여론조사는 당선자 예측에 실패했으나, 빅데이터는 트럼프 후보의 승리를 정확하게 예측했다. 선거 직전 인도의 한 연구팀[74]은 구글과 페이스북, 트위터, 유튜브 등 공개 플랫폼에서 수집한 빅데이터 2000만 건의 후보 연관성을 분석해 이런 예상을 발표했던 것이다.

오늘날은 디지털 혁명과 소셜 미디어의 등장으로 데이터가 급증하고 있다. IT 시장 분석 기관인 IDC에 따르면, 2012년 전 세계에서 물리적 저장 매체에 기록되어 있는 디지털 정보의 양은 대략 3제타바이트[75]에 이른다. 더군다나 정보의 양은 매년 거의 150% 정도로 증가하고 있다. 이처럼 많은 정보를 목적에 맞춰 보다 유용하게 활용할 수 있는 방법은 없을까? 이런 문제의식에서 나온 개념이 바로 빅데이터이다. 빅데이터는 단순히 양적인 개념만을 말하지 않는다. 통계자료, 데이터베이스, 인터넷, 센서 등 각종 데이터에서 목적에 맞는 정보를 추출하고 실시간 또는 빠른 주기로 유의미한 결론을 도출하게 하는 일련의 기법을 일컫는다.

앞으로 빅데이터 기반의 혁명적 기술 발전이 사회 곳곳에서 일어날 것이

[74] — 인도의 벤처기업 제닉AI에서 개발한 인공지능 '모그AI'는 2016년 11월 28일(미국 대선 10일 전) 트럼프 후보가 승리할 것을 정확히 예측했다.

다. 제품 개발, 마케팅, 기상 예측, 정책 결정, 선거, 방위, 과학 연구 등에서 그 위력이 나타날 것으로 예상된다. 따라서 멀지 않은 장래에 통계 관련 전문가가 유망한 직업으로 떠오를지도 모른다.

75 ― 제타(zetta)는 10^{21}을 의미한다. 1제타바이트는 10억 테라바이트이다. 최근 컴퓨터 하드디스크의 용량이 보통 1테라바이트 정도임을 감안한다면, 현재 전 세계에 존재하는 하드디스크의 개수는 대략 30억 개(3제타바이트) 이상으로 예상해 볼 수 있다.

기계 시대, 인간의 전략

제러미 리프킨은 《노동의 종말》에서 노동의 가치가 감소하고 있다고 지적했다. 18세기 기계혁명으로 인류의 근육이 발휘했던 노동의 가치는 큰 폭으로 경감되었다. 최근 수십 년간 이루어진 디지털 정보 통신의 혁명은 지능적 기계의 출현을 앞당겼고, 이로 말미암아 제조업 및 서비스업 부문에 이르기까지 인간의 노동력을 직접 필요로 하는 비중이 큰 폭으로 줄어들고 있다. 은행이나 관공서 창구에 가면 앉아 있는 직원의 숫자가 확연히 줄어들었다는 것을 느낄 수 있다. 자동차 공장에도 직원들의 숫자가 계속 감소하고 있다. 기술의 발전이 노동자들을 내몰고 있는 것이다. 이러한 제2의 기계 혁명에 인류는 어떻게 대처해야 할까? 디스토피아를 초래하는 기계혁명을 멈출 저항운동[76]이라도 추진해야 할까?

76 ― 19세기 초, 산업혁명으로 많은 노동자들이 공장에서 해고되었다. 당시 영국에서는 산업혁명에 반대하는 노동자들이 공장의 기계를 일부러 파괴하는 러다이트(Luddite) 운동을 일으켰다.

역사적으로 볼 때, 인류가 개발한 기술이 인류의 삶을 근본적으로 위협하지는 않았다. 18세기 산업혁명 이후 인류는 서비스 산업과 같은 새로운 노동 영역을 찾았다. 기존의 일자리는 계속 사라졌지만, 새로운 형태의 일자리가 더 많이 생겨났으며 인류의 삶은 종합적으로 윤택하게 발전했다. 따라서 다가올 변화도 인류가 지혜롭게 준비하고 대비하는 것이 중요하다.

77 — 로봇공학자 한스 모라벡이 제안한 개념이다. 인간에게 쉬운 것은 기계에게 어렵고, 인간에게 어려운 것은 기계에게 쉽다는 말이다.

78 — 마이클 폴라니(1891~1976)는 지식을 분명하게 표현하고 이해할 수 있는 '형식적 지식(explicit knowledge)'과 표현하기가 매우 어려운 '암묵적 지식(tacit knowledge)' 두 가지 형태로 구분했다.

인공지능 알파고는 세계 최고의 프로 바둑 기사를 제패하는 놀라운 능력을 보여 주었다. 하지만 아직까지 시를 쓰는 인공지능은 나오고 있지 않다. 자동차를 조립하는 로봇은 개발되었지만, 농구 경기를 할 수 있는 로봇은 개발되지 않고 있다. 인간이 어려워하는 일을 대체할 수 있는 기계는 쉽게 개발되지만, 오히려 인간이 쉽고 자연스럽게 할 수 있는 일을 대체하는 기계는 만들기 어렵다. 이를 '모라벡의 역설'[77]이라고 부른다.

인간은 종합적인 판단력과 창의성을 가지고 있고 이에 따라 융통성을 발휘한다. 로봇 진공청소기는 바닥에 있는 잡동사니들을 빠른 속도로 빨아들인다. 하지만 서재의 책들을 주제에 맞게 정리하지는 못한다. 인공지능의 등장으로 보험설계사나 법률가의 지위가 위협받을 가능성은 있지만, 정원사나 요리사의 지위는 거의 위협받지 못한다. 기계의 시대를 살아가는 인간은 암묵지暗默知[78]에 주목해야 한다. 예컨대, 로봇의 제조 공정은 형식지形式知이고, 김장을 담그는 어머니의 손맛은 암묵지에 해당한다. 아름다움을 연출하는 뷰티나 예술, 사람의 마음을 움직이는 서비스 분야, 경험을 창조하고 관리하는 분야 등은 기계가 결코 대신할 수 없다. 기계문명이 제아무리 발전한다 하더라도 인간만이 할 수 있는 영역은 늘 존재하며, 그 비중은 결코 줄어들지 않는다. 사실 인간은 기계와 경쟁할 수도 없고 할 필요도 없다. 오히려 기계와 협력해야 한다.

디지털 문명은 인류의 삶을 풍요롭게 만든다. 위키피디아는 브리태니커 백과사전의 50배가 넘는 정보를 담고 있지만, 모든 사람에게 무료로 서비스되고 있다. 수많은 스마트폰 어플 역시 무료로 제공된다. 이들 서비스의 가격은 0이므로 GDP에 기여하는 바가 전혀 없다. 그러나 사람들은 유튜브에 올린 무료 다큐멘터리를 통해 감동을 느끼며, 더 나은 인생을 살아가는 데 도움을 받고 있다. 디지털 혁명의 시대에는 '경제성장'과 '문명의 발전'을 정량적으로 연계시키는 것이 어려워지고 있다. 수치상의 GDP 발전은 정체되거나 느려 보이지만, 로봇과 컴퓨터의 발전으로 우리의 일상과 인류의 문명은 빠르게 진보하고 있다.

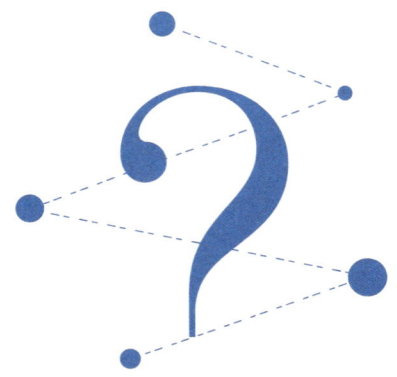

인공지능과 세상의 미래

2

2016년 3월, 구글의 인공지능 시스템인 알파고는 이세돌 9단과의 대결에서 4:1로 승리하는 놀라운 결과를 보여 주었다. 불과 몇 년 전까지만 해도 국내외에서 개발된 바둑 프로그램은 프로 바둑 기사 1단도 이기지 못했다. 그래서인지 알파고의 무서운 실력은 인공지능 시대의 도래를 전 세계에 충격적으로 전했다. 한편에서는 인류와 세상을 파괴시키는 디스토피아적 인공지능이 곧 등장하리라는 막연한 공포감을 느끼는 사람들도 있다.

인공지능 알파고는 프로 바둑기사 이세돌 9단을 압도하는 바둑 실력을 보여 주었다. 그러나 이세돌 9단이 알파고에 비해 뛰어난 점은, 바둑 이외에 오목도 둘 수 있다는 점이다.

미국 영화 〈터미네이터〉 시리즈에 등장하는 가상 시스템인 '스카이넷Skynet'은 스스로 생각하고, 학습하고, 판단하고, 행동하는 인공지능이다. 영화 속 스카이넷은 인공지능의 발전을 두려워하는 인간이 자신을 멈추려고 하자, 인류를 적으로 간주하고 공격을 감행한다. 영화 〈매트릭스〉, 〈2001 스페이스 오디세이〉 역시 비슷한 주제를 다루고 있다. 인공지능은 무엇이며 다가올 미래에 어떤 모습으로 발전할 것인가? 혹시 인공지능은 인류를 파괴할 무서운 시스템으로 발전할 수도 있을까?

기계화된 지능은 존재할 수 있는가?

오늘날 컴퓨터의 능력은 개인용 컴퓨터, 자동차, 스마트폰, 핵 발전소 운용, 인공지능에 이르기까지 여러 곳에서 가공할 능력을 보여 주고 있다. 그러나 회로적으로 컴퓨터의 말단 구조를 들여다보면 구조가 매우 단순하다. 몇 개의 트랜지스터가 동작하면서 0~2V의 전압을 부호 0으로, 3~5V의 전압을 부호 1로 할당해 디지털 연산을 수행하는 형태이다. 컴퓨터 하드웨어 그 자체는 기능성이 매우 단순해, 0과 1이라는 신호를 더하거나 1이 0보다 크다는 것을 판별하는 것이 하는 일의 전부이다. 전혀 지능적인 기계가 아니다.

그렇다면 컴퓨터 게임을 하거나, 음성을 변조하거나, 사진을 편집하는 지능적인 작업들은 어떻게 이루어질까? 입력된 데이터를 희망하는 방향으로 가공하고 변화시키기 위한 논리적 체계를 알고리즘algorithm이라고 하고, 알고리즘을 컴퓨터가 받아들일 수 있도록 전달하는 언어 체계가 프로그램이다. 그렇다면 알고리즘을 일종의 지능으로 볼 수 있을까? 알고리즘 자체는 사고력, 자유의지, 자아를 가지는 주체가 아니다. 알고리즘은 기계를 구동하는 규칙이며, 알고리즘을 만드는 주체는 사람(프로그래머)이다.

—

'인공지능'이라는 용어는 '인간의 지능'을 인공적으로 구현했다는 말이다. 그렇다면 인간의 지능이 갖는 특징적 요소는 무엇인가? 바로 목적을 가지고 행동하며 추상적 사고와 판단을 할 수 있다는 것이다. 인간 지능의 특징적 요소를 모두 갖춘 기계를 인공지능으로 본다면, 인공지능의 정의는 아래 A와 같이 내릴 수 있다. 그러나 현재의 기술적 단계에서 이러한 인공지능의 구현은 거의 불가능하다. 그러므로 공학적 구현 가능성 및 활용성 측면에서 B와 같이 인공지능을 정의해 볼 수도 있다. B에 해당하는 기계는 '인공지능artificial intelligence'이 아닌 '지능적 기계intelligent machine' 정도로 부르는 것이 타당할 것 같다.

> A. 자유의지(감정과 목표)를 통해 합리적으로 사고하고 행동하며 지식을 습득하고 발전시키는 기계 시스템
> B. 아래의 요소 중에서 1개 이상을 갖춘 기계 시스템
>   ① 사람의 지식과 경험을 학습하고 발전시킴(기계 학습)
>   ② 방대한 자료를 전략적으로 분석하고 의미와 해결책을 도출(딥러닝)
>   ③ 종합적 상황 대처 능력
>   ④ 시각·청각 등 오감적 인지 및 해석 능력
>   ⑤ 자연어와 문화를 이해하는 능력
>   ⑥ 자율적으로 동작할 수 있는 능력

위에 제시된 정의에서 편의상 A에 해당하는 경우를 '강한 인공지능strong AI', B에 해당하는 경우를 '약한 인공지능weak AI'이라 부르기도 한다.

인공지능 알파고

바둑판은 19×19 줄로 구성되어 있다. 바둑의 규칙을 적용하여 한 번의 착수着手를 할 때 평균적인 경우의 수가 약 250개이고 한 판당 약 150번의 착수가 이루어지므로, 대략 $250^{150}=10^{360}$ 경우의 수가 존재한다. 이는 우주에 존재하는 원자의 개수보다도 훨씬 많은 수이므로 이 모든 경우의 수를 컴퓨터 연산으로 계산할 수가 없었다. 그렇다면 알파고는 어떻게 연산을 수행했던 것일까?

인간이든 알파고든 바둑에서 생겨나는 모든 경우의 수를 실시간으로 계산하지는 못한다. 인간은 직관적인 판세 분석과 부분적인 수읽기를 통해 착수를 하는데, 이러한 부분은 고도의 창의력과 상상력을 발휘하는 영역으로 지난 수십 년간 컴퓨터 프로그램이 대체할 수 없는 부분이기도 했다. 그런데 알파고가 프로 기사 이세돌을 뛰어넘을 수 있었던 이유는 기계 학습[79]에 의한 딥러닝[80] 기법이 있었기 때문이다.

알파고는 과거 프로 기사 간의 대국에서 얻은 기보 수천만 건 이상을 입력해 모든 착수 과정을 스스로 학습했다. 또 무수한 가상 대국을 통해 판단 알고리즘을 스스로 교정하고 강화하는 학습 과정을 거쳤다. 그렇다면 알파고는 인공지능이라고 할 수 있을까? 인간 지능의 중요한 특징인 사고 능력과 자유의지라는 측면에서 본다면 알파고는 인공지능이 아니다. 그러나 앞서 정의했듯이, 공학적 활용

79 ― 컴퓨터가 수행한 작업의 성공과 실패 분석을 통해 스스로 연산 프로세스를 수정하면서 더욱 정교하게 계산하는 과정을 말한다.

80 ― 기계 학습의 일종으로 인공 신경망을 기초로 하는 고도화된 개념이다. 광범위한 데이터 영역에서 유의미한 부분을 지능적으로 탐색하고 분류하며 학습한다. 인지 로봇, 자율 주행 자동차 등의 영역에서 사용된다.

가능성 측면에서 기계 학습 및 딥러닝 기능을 갖춘 시스템을 인공지능으로 본다면 알파고를 인공지능이라고 말할 수 있다.[81]

81 ― 신문, 방송에서는 대부분 알파고를 인공지능이라고 부르고 있다. 하지만 인공지능 학자들은 대부분 알파고가 인공지능이 아니라고 단언한다.

인공지능의 수준이 계속 발전하면 사람들의 직업을 대체하거나 인류에게 위협적인 존재가 될까? '약한 인공지능weak AI'은 결코 인류의 위협이 될 수 없다. 알파고의 연산 능력과 예측 능력은 구글의 프로그래머들이 작성한 기계 학습 알고리즘에 의해 생성된 능력일 뿐이다. 반복적인 기계 학습을 통해 가치망과 정책망의 동작 메커니즘을 고도화시킨 주체는 알파고 자신이지만, 외부에서 기보를 제공해 주고 가치망과 정책망이 동작하는 알고리즘을 작성한 주체는 프로그래머이다. 따라서 이세돌 9단이 싸운 대상은 알파고라는 컴퓨터가 아니라, 알파고가 참조했던 기보를 만든 전 세계 바둑 기사들과 구글의 프로그래머들이라 할 수 있다.

알파고 시스템이 '진정한 인공지능strong AI'이 되려면, 알파고가 자신의 의지로 바둑이라는 목표를 설정하고 인간과 싸워서 이길 수 있는 알고리즘을 스스로 설계한 뒤, 이세돌 9단을 상대로 선택해 대국을 해야 한다. 알파고 시스템이 이세돌 9단과 인류 전체가 받을 충격을 고려해 일부러 져 주거나 갑자기 바둑 대신 오목을 두자고 제안한다면, 비로소 진정한 인공지능이라고 할 수 있을 것이다.

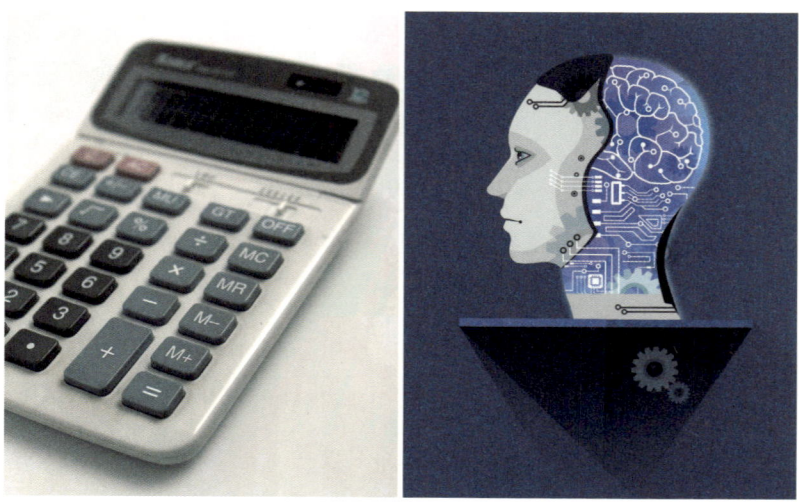

탁상 계산기는 인공지능이 아니다. 알파고는 인공지능이라 불리기도 하지만, 엄밀한 의미에서 인공지능이 아니다.

인공지능 기술의 미래는?

　자의식과 종합적 판단 능력을 지닌, 진정한 의미의 인공지능이 나타날 가능성이 있을까? 현 단계에서는 가능성이 매우 희박해 보인다. 현재 기계 시스템 안에 인간 지능의 특징적 요소(지식, 감정, 의지)를 구현할 기술이 전혀 없다. 그렇다면 장기적으로는 가능할까? 이에 관해서는 긍정론과 회의론이 둘 다 존재한다. 긍정론의 근거는 인간 역시 물질로 구성되어 있다는 것이다. 앞서 보았듯이 인간의 뇌 조직은 뉴런이라고 하는 물질이며, 뉴런 간의 신호 전달은 전기화학 반응에 의하여 이루어진다. 그렇다면 역시 물질로 만들어지는 컴퓨터 시스템 안에도 의식을 심는 것이 가능하다고 전망할 수 있다. 한편, 우리는 뇌 안에서 이루어지는 의식과 사고의 메커니즘을 이해할 수 없고 앞으로도 불가능하다는 회의적인 입장도 있다. 진정한 의미의 인공지능이 등장하려면, 리처드 도킨스가 주장한 '이기적 유전자(스스로 생존하고 변화하고 번식하는 생존 기계)'를 갖추어 스스로 번식하면서 진화하는 기계 시스템이 나타나야 한다.

기계 학습 및 딥러닝 능력을 갖추고 창의적 문제를 해결할 수 있는 약한 인공지능은 지금도 존재하고 앞으로도 더욱 확대될 것이다. 대표적인 적용 사례로는 구글 알파고, 스팸메일 필터링, 문자인식OCR, 기계번역 기술 등이 있다. 사람들은 알파고가 '인간이 둘 수 없는' 창의적인 수를 둔다며 경악하고 있지만, 알파고는 오직 기존 데이터를 분석해 각 착수에 관한 승률만 따졌을 뿐이다. 알파고는 바둑의 의미와 철학을 모른다. 오로지 바둑 규칙에 따른 계산만 수행한다. 이런 이유로 알파고는 오목을 전혀 둘 줄 모른다.

〈구글의 채팅봇 Tay〉

2016년 3월. 구글은 기계 학습형 채팅 로봇 테이(Tay)를 개발해 공개했다. 그러나 운영 16시간 만에 중단되고 말았다. 테이가 욕설, 인종차별성 발언 등을 해서 물의를 일으켰기 때문이다. 이는 인공지능의 한계를 여실히 드러낸 상징적인 사건이다.

테이는 SNS 공간에서 사람들이 나누는 대화의 맥락을 분석해 적절한 반응을 보이도록 설계된 인공지능이었다. 극우 성향의 백인 우월주의자 등이 집단적으로 테이에게 말을 걸어 인종차별성 발언, 욕설 등을 주입했고, 그 결과 테이는 부적절한 막말을 하게 된 것이다.

인공지능 테이는 자유의지와 삶의 목표가 없어, 프로그래머가 설계한 알고리즘에 따라, 그리고 사용자 데이터가 입력되는 경향에 따라 움직일 수밖에 없었다. 결국 테이는 일반화된 의미의 인공지능이 아니었다.

〈구현하기 어려운 인공지능〉

바둑을 두는 인공지능을 만드는 것은 비교적 쉬운 일이다. 게임이라는 것은 몇 가지 단순한 규칙에 의해 움직이기 때문이다.

정말로 어려운 일은 거리를 달리는 로봇, 개와 고양이를 구분해 내는 인공지능을 만드는 것이다. 거리를 달리기 위해서는 인간 지능에 가까운 고도의 능력이 필요하다. 전후좌우에서 이동하는 사람이나 자동차의 위치뿐 아니라, 사람들의 표정이나 소리를 통해 그들이 어디로 움직일지 예측해야 하기 때문이다. 개와 고양이를 구분하는 것 역시 쉽지 않다. 동물의 움직임과 표정, 주위 배경에 대해 어떤 행동을 하는지 등을 지능적으로 판단해야 하기 때문이다. 인간은 온전한 지능을 갖추고 있으므로 거리에서 잘 달릴 수 있고 개와 고양이를 금방 구분한다.

인공지능 시대, 인간의 역할은 무엇인가?

"지금의 청소년들은 선생님이나 부모로부터 배운 지식으로 인생을 살아나가는 마지막 세대가 될지도 모른다. 인간의 일생을 배우는 시기와 써먹는 시기로 나누는 시대는 지났다."

−유발 하라리

인공지능이 발전하면서 부작용과 위험성을 우려하는 목소리도 계속 나오고 있다. 물론 독립적인 의지와 목적을 가지고 인류 문명을 파괴하는 인공지능이 당장 출현할 가능성은 낮다. 그럼에도 불구하고 우려의 목소리가 끊이지 않는 이유는 인공지능 발달의 파장을 가늠하기 어려워서이다. 또 각 분야마다 서로 다른 방식과 방향으로 인공지능을 개발하고 있어, 현재의 기술 수준을 파악하거나 5~10년 후의 방향을 전망하는 것이 무척 어렵다. 인공지능 유토피아론과 디스토피아론은 이처럼 혼란스러운 상황을 무대로 서로 엉키고 부딪힌다.

앞으로 인공지능 시스템은 많은 사람들의 일자리를 빼앗아 갈 것인가? 대답은 'Yes'에 가깝다. 인공지능의 발전으로 일자리가 줄어드는 것은 가장 현실적인 위협이다. 《워싱턴포스트》는 10년 후에 직업의 65%가 바뀔 것으로 예상했다. 2016년 초에 발표한 〈유엔 미래 보고서 2045〉는 30년 후 인공지능이 인간을 대신할 직업군으로 의사, 변호사, 기자, 통·번역가, 세무사, 회계사, 감사, 재무 설계사, 금융 컨설턴트 등을 꼽았다. 단순 반복 작업, 정해진 알고리즘에 의해 수행되는 작업, 극한 작업 등은 분명 기계가 점차 대체할 것으로 보인다.

그렇다면 인공지능 시대를 살아가는 인간의 역할은 무엇일까? 인공지능 기술이 아무리 고도로 발달해도 기계가 인간의 영역을 완전히 대체할 수는 없다. 인간의 존엄성(지적 능력, 감성, 의지, 창의성)만이 지배하는 영역이 있기 때문이다. 사람과의 소통, 인간의 감성, 창의성과 예술성, 직관 등은 인공지능이 결코 대체할 수 없는 영역으로 남을 것이다.

인공지능의 가능성과 발전 속도에 대한 전망은 전문가들 사이에서도 의견이 엇갈린다. 그러나 과학철학자 마이클 폴라니는 '역사적으로 새로운 기술의 잠재성은 늘 과대평가되는 반면, 인간의 잠재성은 과소평가되어 왔다'고 조언했다. 인간이 기계의 발달을 과도하게 두려워할 필요가 없다는 말이다. 물론, 인공지능 시대에 교육과 사고의 패러다임이 변화될 필요는 있다. 읽고 쓰고 계산하는 능력이 아니라 정서적 능력, 상상력, 창의력, 협동 능력 등을 키울 수 있는 교육이 중요하다. 교과서와 인터넷에 나오는 자료를 단순히 암기하는 형태의 교육은 점점 의미를 상실해 간다. 배우는 과정과 배우는 것을 활용하는 과정이 함께 어우러지는 교육이 필요하다.

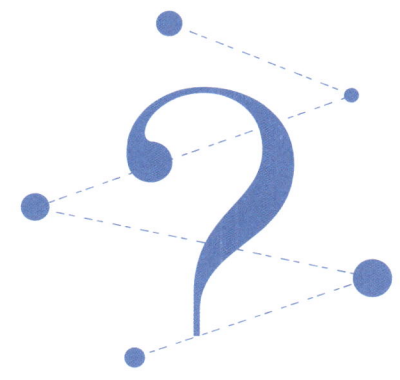

네트워크와 경험 경제

3

> 현대사회를 살아가는 우리는 네트워크에 접속된 단말기와도 같다. 모든 업무는 인트라넷에 의해 진행된다. 업무와 대인 관계는 이메일과 SNS로 연결되어 있다. 이동 중에도 끊임없이 문자와 이메일을 확인해야만 한다. 인류 문명이 만들어 낸 거대한 네트워크 안에서 우리가 운신할 수 있는 폭은 좁아 보인다.

네트워크의 시대

82 — 인터넷 탐색기에서 하이퍼링크가 걸린 단어를 클릭할 경우, 해당 정보가 담긴 페이지가 열린다. 책은 순차적으로 서술되어 있지만, 하이퍼텍스트(hypertext)는 불연속 비순차적으로 연결된다.

인터넷이라는 표준화된 네트워크 플랫폼은 현대 인류 문명을 송두리째 바꿔 놓았다. 고유한 IP 주소를 보유한 수십억 명의 네티즌이 접속하는 인터넷 공간은 거대한 왕국이 되었다. 인터넷에서는 거의 모든 것이 가능하다. 모든 형태의 정보 입수가 가능하며 인터넷 전화VoIP, 인터넷 상점, 인터넷 은행 등 상상할 수 있는 거의 모든 서비스가 이루어진다. 인터넷 세상은 새로운 형태의 사이버 문화를 창조했다.

시간과 공간이 연결되고 현실과 비현실이 어우러지는 세상에서 통용되는 문화는 기존의 물질문명과 전혀 다른 특징들을 드러낸다. 첫째, 불연속성과 비선형성이다. 인터넷의 언어는 하이퍼텍스트[82]이다. 시작과 끝이 정해져 있지 않은 하이퍼텍스트는 무한한 경로로 얽혀 있으며, 사용자가 원하는 스토리에 맞춰 원하는 정보를 표시해 준다. 둘째, 사용자 중심의 분산적 의사소통 구조를 갖는다. 출판이나 방송 분야에서는 컨텐츠를 만드는 사람은 극소수이고 수용자는 대다수의 대중이다. 반면 인터넷 환경에서 정보를 만들고 소통하는 주체는 각 개인들이고 이들은 상호 소통한다. 인터넷에서는 명령하거나 통제하는 사람이 없다. 권력은 하이퍼링크를 누르는 인터넷 사용자들에게 부여되어 있다.

2016년 현재, 한국의 인터넷 포털사 네이버의 시가총액은 30조 원에 이른다. 현대자동차와 맞먹는 규모이다. 네이버는 공장도 없고 물류 창고도 없다. 이런 네이버의 경쟁력과 가치는 어디에 있는 것일까? 디지털 정보는 무한 복제가 가능해 가치가 그리 높지 않다. 따라서 이러한 컨텐츠를 사람들의 경험과 스토리에 맞추어 재배열하는 창의력과 지식이 더 중요한 시대가 되었다. 인터넷 포털은 수많은 뉴스와 정보를 사용자의 요구에 맞게 정렬시켜 준다. 네이버의 가치는 이러한 지식의 재배열을 위한 상상력과 창조력의 가치를 의미한다. 물건 재배열의 기술이 물건보다 더 가치를 갖는 것은 일종의 'Wag the Dog' 현상[83]이다.

83 — 'The tail wags the dog(개 꼬리가 개의 몸통을 흔든다)'에서 유래되었고, 하극상이나 주객이 전도된 상황을 뜻한다. 주식시장에서 선물에 의해 현물이 좌우지되는 현상, 소비시장에서 본 제품보다 덤이 구매를 좌우하는 현상을 가리킨다. 이는 접속의 시대에 나타나는 특징적 현상이다.

카카오톡은 2010년 서비스를 시작한 모바일 인스턴트 메신저이다. 서비스가 시작된 지 5년 뒤, 카카오톡의 사용자는 국내에서만 4000만 명을 돌파했고 사용자들은 하루 평균 24회 정도로 접속하고 있다. 거의 전 국민이 가입한 명실상부한 국민 공동체이다. 이러한 카카오톡 혁명은 어떤 힘으로 이루어진 것일까?

기존 인터넷의 하이퍼텍스트 개념은 사용자 중심의 비선형적이고도 유연한 서비스를 제공했지만 한계도 있었다. 필요한 정보는 얻을 수 있지만 소통은 할 수 없었다. 카카오톡을 중심으로 하는 SNSSocial Network Service는 이러한 갈증을 시원하게 풀어 주었다. 소통의 플랫폼을 제공했기 때문이다. 특히 인터넷과 자유롭게 접속되면서도 고도의 이동성을 가지는 스마트폰은 카카오톡과 환상의 조합을 이룬다. 카카오톡은 현실과 사이버를 아우른다. 사람과 사람이 실시간으로 대화를 나눈다는 점에서 현실적이고, 디지털 자료와 하이퍼링크를 지원한다는 점에서 사이버적이다. 지난 수천 년간 인류는 면대면面對面 공동체를 이루며 살아왔다. 1990년 시작된 인터넷 서비스는 온라인 공동체를 만들었고, 카카오톡은 모바일 공동체를 만들었다. 모바일 공동체는 전 세계 어느 지역에 있는 사람들과도 즉각적이고도 긴박한 네트워크를 만들어 줄 수 있다.

유비쿼터스 세상

중세 시대에 이루어진 활자와 인쇄술의 발명은 인류 문명을 혁명적으로 바꾸어 놓았다. 수많은 정보와 지식을 간편하게 책으로 인쇄해 사람들에게 배포할 수 있었다. 그러나 책은 부피와 무게 때문에 주로 서재에서 읽게 되고 많은 양을 휴대하기가 불편하다. 그런데 20세기 말에 개발된 USB 메모리는 우리에게 큰 편리함을 제공했다. 내 서재에 있는 모든 자료를 USB 메모리에 넣어 이동할 수 있게 된 것이다. 하지만 USB는 분실하거나 내용물이 실수로 삭제되는 사고가 일어날 우려가 있다. 그렇다면 내 USB 메모리를 구름 위로 올려 버리고, 필요할 때만 내가 살고 있는 이 땅에서 복사해 사용하면 어떨까? 이러한 상상력에서 시작된 서비스가 클라우드cloud이다. 앞으로 각 가정과 기업의 컴퓨터에서 하드디스크는 점점 사라질 것으로 보인다.

클라우드 기술과 사물 인터넷IoT 기술은 자연스럽게 유비쿼터스[84] 개념으로 확장되었다. 유비쿼터스 기술은 사람, 사물, 컴퓨터가 시간과 공간을 초월해 유기적으로 연결되는 것을 말한다. 가까운 장래에 집안의 모든 가전제품과 보안 상태를 스마트폰으로 제어하는 u-home, u-city 기술이 확대될 것으로 보인다. 교육 분야에서는 온라인과 오프

나의 USB 메모리를 구름 위로 올려 버리고, 필요한 때만 내가 살고 있는 이 땅에서 복사해 사용하면 어떨까? 이러한 상상력에서 시작된 서비스가 클라우드이다.

라인이 연계된 u-edu, 의료 분야에서는 인공지능과 원격진료가 포함되는 u-healthcare 기술이 전개될 것이다.

궁극적으로는 기술과 일상생활이 구분되지 않는 단계에 도달할 것이다. 기술을 공기처럼 거의 느낄 수 없는 상태, 즉 기술이 삶의 배경에 스며드는 상태가 될 것이다. 모든 사물은 고유한 IP를 부여받고 네트워크로 연결될 것이며IoT, 모든 디바

84 — Ubiquitous는 라틴어 Ubique(어디서나)에서 유래한다. '언제 어디서나 동시에 존재한다'라는 의미이다. 유비쿼터스 기술이란 시간과 공간의 제약 없이 현실 세계와 지능적 연산 시스템이 연결되는 기술을 의미한다. 서울시 버스 운행 정보 시스템(BMS), 스마트폰으로 제어되는 가정의 보일러 등이 이에 해당하는 사례이다.

이스가 단말기가 되어 클라우드 서버에 연결되면서 개인용 컴퓨터는 사라질지도 모른다. 개개인이 사물에 탑재되어 있는 컴퓨터에 순간순간 접속하는 사물 컴퓨팅 시대에 진입하게 된다. 궁극적으로 사람들은 컴퓨터의 존재를 거의 느끼지 못하는 상태가 될 것이다. 모든 사물과 공간에 컴퓨터가 장착되고 사물 간 통신이 가능하므로 사물과 공간이 지능화된다.

접속의 시대

> "세계적 미디어 업체인 페이스북은 콘텐츠를 만들지 않는다. 세계적 택시 회사인 우버가 보유하고 있는 택시는 없다. 세계적 숙박 업체인 에어비앤비는 부동산 자산이 없다. 세계적 통신사인 스카이프는 통신 설비가 없다. 세계적 소매점인 알리바바는 상점과 물류 창고가 없다. 세계적 스포츠웨어 업체인 나이키는 생산 공장이 없다. 전산망만 갖추고 있을 뿐이다."

제러미 리프킨은 《소유의 종말》에서 이제는 소유의 시대에서 접속의 시대로 진화한다고 주장했다. 결과물로서의 책이 아닌, 과정으로서의 하이퍼텍스트가 중요한 시대가 된다는 말이다. 책은 소유하는 개념이지만 하이퍼텍스트는 매 순간 접속하는 개념이다. 리프킨은 접속이라는 개념을 단순히 컴퓨터나 인터넷에 접근하는 것으로 한정하지 않고, 소유의 반대 개념으로 보았다. 무언가를 소유하지 않고 필요에 의해 간편하게 접속하거나 빌려서 사용하면 된다는 것이다. 접속의 시대에는 판매자와 구매자가 시장의 주인공이 아니고, 공급자와 사용자가 새로운 경제를 이끌어 가는 주인공이 된다는 통찰이었다.

스포츠 브랜드 나이키Nike는 생산 공장을 직접 운영하지 않는다. 운동화와 의류 전체를 세계 50개국에 퍼져 있는 수많은 아웃소싱 네트워크를 통해 생산하고 있다. 나이키는 'Nike'라는 지식재산권만 소유하며, 공장과 노동자는 이러한 상표권에 접속하여 물건을 팔고, 소비자들 역시 그 상표가 보장하는 제품의 질을 믿고 구매를 한다. 세계 최대의 호텔 체인망인 힐튼 호텔의 시가 총액은 약 200억 달러로 평가되고 있다. 한편 호텔은커녕 부동산 하나 없는 에어비앤비의 시가총액은 250억 달러 정도로 알려져 있다. 에어비앤비는 세계 곳곳에 흩어져 있는 저렴한 숙박 시설과 이에 접근하고자 하는 수억 명의 고객들을 지능적으로 접속시켜 주면서 이익을 창출하고 있다.

개인들도 더 이상 소유에 집착하지 않고 문화와 경험으로의 접속을 중요하게 여긴다. DVD 구입은 감소하는 반면, 아이튠즈, 유튜브, 구글 글래스를 통한 접속은 증가하고 있다. 주택과 사무실도 리스나 임대의 비중이 증가하고 있다. 독신자의 비율도 늘어나고 있다. 접속의 도구들인 노트북, 스마트폰, 디지털카메라는 디지털 노마드[85] 문화를 만들었다. 농경시대의 유목민들은 당시 비주류였으나, 디지털 유목민들은 21세기 유비쿼터스 시대의 중심적인 인간 유형이다. 그들은 장소에 구애받지 않고 정보와 문화를 생산하고 접속한다.

85 — 디지털 유목민(Digital Nomad)은 자크 아탈리가 1997년 《21세기 사전》에서 처음 소개한 용어이다. 노트북이나 스마트폰 등을 이용해 장소에 상관없이 업무를 처리하는 부류를 지칭한다.

경험 경제의 시대

'토론토 시내에 있는 로얄 호텔에서 개최되는 정기 모임에 초대합니다. 식사와 함께 우리가 나누었던 우정을 다시 떠올리는 시간이 될 것입니다.'

캐나타 온타리오주에 있는 숄다이스Shouldice 병원의 동창회에서 발송한 초대장 내용이다. 이 병원을 거쳐 갔던 환자들은 매년 모여 'Patient Reunion'이라는 동창회 파티를 개최한다. 학교도 아닌 병원에서 어떻게 동창회가 만들어졌을까?

숄다이스 병원은 흔히 사람들이 알고 있는 병원과 많이 다르다. 이 병원은 환자의 치료뿐 아니라 병원에서 환자가 얻게 되는 경험에도 주목한다. 병원 입원은 무섭고 불편한 기억이 아닌, 즐겁고 유익한 경험이 되어야 한다고 생각한다. 이것이 환자의 치료에도 도움이 되고, 궁극적으로 병원의 운영과 재정에도 큰 도움이 된다는 철학을 가지고 있다.

병원은 넓은 녹지 공간을 보유하고 있고, 알코올 등 병원 특유의 냄새가 나지 않도록 신경 쓰고 있다. 이 병원에서는 연령대별, 취미별, 관심사별로 환자들이 다양한 동아리 활동을 하도록 권한다. 퇴원 후에도 병원 동창회를 통해 지속적으로 관계를 유지하도록 돕는다. 환자에게 공동체 의식을 갖게 하려고 많은 일들을 분담시킨다. 치료와 수술을 위한 비품을 환자들이 스스로 준비하도록 하고, 입원실 정리정돈도 스스로 하게 한다. 이러한 병원 운영 방침에 따라 진료 및 입원비는 타 병원에 비해 저렴하면서도 환자들의 만족감은 훨씬 높다.

베네치아 산마르코 광장의 카페에서 비싼 커피 값을 기꺼이 지불하는 이유는 서비스 이상의 그 무엇이 있기 때문이다.

"우리 부부는 이탈리아의 수상 도시 베네치아에 도착했다. 우리는 곧장 산마르코 광장에 있는 한 카페로 향한다. 카페에서 뜨거운 커피를 마시며 천 년의 세월 동안 이곳에서 있었던 일들을 상상해 본다. 1시간 후, 3만 원의 커피 값을 결제하고 자리를 뜬다. 누군가 묻는다. 이 정도 가격이 합당하냐고. 우리는 주저 없이 말한다. 물론이죠!"

파인과 길모어는《고객 체험의 경제학》에서 '경험 경제'의 개념을 제시했다. 커피가 열매 상태로 있을 때는 원료에 불과하지만, 커피 가루로 가공되어 상자에 넣었을 때는 제품이 되면서 가격이 약간 상승한다. 스타벅스 커피숍에서 커피 잔에 제공되었을 때는 서비스의 형태가 되면서 가격이 좀 더 상승한다. 스타벅스 커피 한잔의 가격은 5,000원 정도이지만, 베네치아 산마르코 광장의 카페에서 파는 커피는 그보다 훨씬 비싸다. 그래도 고객들은 비용을 기꺼이 지불한다. 무슨 이유일까?

베네치아의 카페는 고객에게 서비스 이상의 그 무엇을 제공하기 때문이다. 바로 '경험'이라는 가치이다. 서비스를 받는다는 것은 나의 시간과 수고를 절약하는 것을 의미하지만, 경험을 구입한다는 것은 나의 참여와 공감을 통해 나에게 의미화된 무엇인가를 획득한다는 것을 뜻한다. 베네치아의 카페에서 비싼 커피 값을 기꺼이 지불한 것은, 그 장소에 깃든 역사와 분위기에 동참하려는 나의 의지에 기초한다. 이는 수주일 전 여행을 계획하는 단계부터 설레는 마음으로 준비했던 것이다.

경험 경제의 또 다른 사례로 미국의 공동 관심 단지CID, common-interest developments를 들 수 있다. 미국을 여행하다 보면, 경치 좋은 산허리에 조그만 마을이 들어선 광경을 종종 볼 수 있다. 마을은 울타리와 거대한 대문으로 둘러져 있고 외부인의 출입은 엄격히 통제된다. 이곳이 바로 공동 관심 단지이다. 마을의 공원, 잔디밭, 주차장, 골프장 등은 구성원들의 공동 소유이다. 마을의 구성원들은 직업이 비슷하거나 관심사가 비슷한 사람들로 이루어지는 경우가 많다. 서로의 경험을 공유하고 접속한다는 의미에서, 이는 일종의 경험 경제라 할 수 있다.

접속의 시대에는 자본주의의 양상도 변화하고 있다. 가치를 창출하는 동력은 물질과 자본이 아닌 상상력과 지식으로 옮겨 가고 있다. 산업 생산이 아닌 문화 생산, 경험 생산의 시대로 전이하고 있다. 포털 서비스와 페이스북, 트위터, 카카오톡 등은 사람들의 일상 경험이 대규모로 소통되는 거대한 전자 네트워크이다. SNS 기업들은 사람들이 경험을 공유하는 사이버 광장에서 광고를 병행함으로써 거대한 이익을 만들어 내고 있다.

공급자와 사용자가 시장의 주역이 되는 접속의 시대에 기업들의 모습도 변화하는 중이다. 물적 자본보다 상상력과 지식 자본이 기업의 경쟁력이 되고 있다. 기업과 고객의 관계 역시 달라진다. 물건을 사고파는 일회성의 행위가 아니라, 지식과 경험과 서비스를 공유하는 접속 파트너로서의 관계가 중요해진다. 상품의 시장 점유율 못지않게, 고객의 시간 점유율을 높이는 것이 중요해졌다. 소비자consumer의 시대에서 고객client의 시대로 이행하는 '하이퍼 자본주의 시대'가 도래하고 있는 것이다.

제 5 부

우리에게 과학은 무엇인가?

● 아이폰 이전 시대에도 뛰어난 성능을 가진 스마트폰들이 존재했다. 하지만 사람들은 아이폰을 선택했다. 아이폰의 성공 요인은 사용자의 경험을 디자인하려고 했다는 점이다. 사용자의 취향을 반영하는 위젯이라는 개념을 도입했고, 아이튠즈는 음악과 영상과 방송을 자신의 취향에 맞도록 관리하는 기능을 제공했다. 사람들은 하드웨어의 성능에 주목한 것이 아니라 하드웨어가 만들 수 있는 가치에 주목했기 때문에, 아이폰은 대성공을 거둘 수 있었다. 아이폰은 기술이 아닌 인간을 바라보았다. 과학기술의 지향점은 인간이어야 한다.

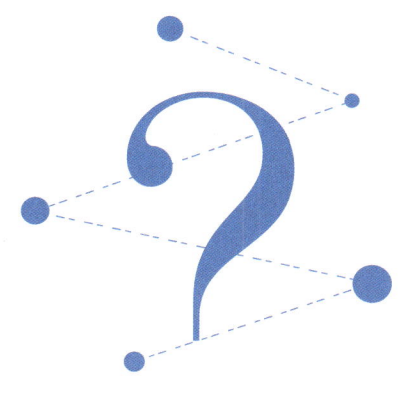

누구를 위한 기술인가

1

"과학기술이 사회에 미치는 영향이 지대하므로 과학기술인은 전문직 종사자로서 책임 있는 연구 및 지적 활동을 해야 하며, 그 결과로 생산된 지식과 기술이 인간의 삶의 질과 복지 향상 및 환경 보전에 기여하도록 할 책임이 있음을 인식해야 한다."

• 과학기술인 윤리강령(2017)

확장되는 공동체

86 — 토머스 쿤의 이론에 따르면, 정상과학(normal science)은 해당 전문가 집단에 의해 오랜 기간 동안 확고하게 지지되며 사회적으로도 널리 받아들여지는 과학적 패러다임을 의미한다. '탈정상과학'은 정상과학의 패러다임으로는 설명하기 어렵다는 뜻을 내포하고 있다.

과학기술 패러다임의 양상이 달라지고 있다. 오늘날 유전자 조작, 핵에너지, 인공지능, 지구온난화 등 거대한 과학 이슈들이 사회적, 경제적, 문화적으로 치열한 논쟁을 일으키고 있다. 제롬 라베츠는 현대 거대과학의 특성을 '탈정상과학post-normal science,'[86]으로 규정했다. 유전자 변형 식품의 위험 등과 같이 명확한 사실관계를 규정하기 어렵고, 생명 복제와 같이 복잡한 가치와 윤리 문제가 수반되며, 핵에너지와 같이 위험 요인이 큰 동시에 시급한 결정을 필요로 하는 것 등이 탈정상과학의 특징이다. 현대 사회에서는 왜 '탈정상과학'이 확대되고 있는 것일까? 과학기술의 연구 단계가 더욱 본질적이고 거대한 분야로 이동하고 있으며, 그러한 연구의 결과가 인류와 지구 생태계에 지대한 영향을 미치기 때문이다.

'탈정상과학'의 시대에는 전문가 집단조차 기술적 위험성을 제대로 예측하기 어렵고, 기술의 결과에 책임 있는 답변도 하기 어렵다. 과학기술 보고서에서 '~이다' 또는 '~아니다' 형태의 표현은 점점 사라지고 있으며, '가능성이 높은' 또는 '높은 신뢰성을 보이는' 등의 표현이 늘어나고 있다. '탈정상과학'의 제안, 수행, 평가 과정은 단지 과학기술의 영역만이 아닌, 사회적인 영역과 넓게 연결되고 있다.

예컨대, 대부분의 시민들은 생명 복제 과학은 사회적, 윤리적, 종교적인 시각과 판단이 병행되어야 한다고 생각한다. 이 과정에서는 소통이 꼭 필요하다. 과학자 집단, 정부, 사회와 시민, 기업체 등은 긴밀하게 소통해야 한다. 과학자의 역할도 더 커지고 있다. 시민과 정책 결정권자를 연결하는 중재자 역할, 사회적으로 제기된 문제를 해결할 수 있는 과학기술적 대안을 제시하는 역할 등을 수행해야 한다.

87 — 수십 년에 걸친 갈등 끝에 2016년 경북 경주시 인근에 중저준위 방사성 폐기물 처분장이 만들어졌다. 동굴 방식으로 만들어진 지하 1.4㎞ 터널 끝에 깊이 130m, 높이 50m, 지름 25m의 콘크리트 처분고가 위치한다.

라베츠는 '탈정상과학'이라는 새로운 패러다임을 제시하면서 과학과 사회의 긴밀한 연대가 필요하다고 주장했다. 즉, 과학의 주체가 과학자만이 아닌 해당 이해 집단과 시민을 포함하는 확장된 공동체로 바뀌어야 한다고 보았다.

핵폐기물을 보관하는 방사능 폐기물 처리장의 사례를 생각해 보자. 과학 전문가들은 방폐장이 충분히 안전하다고 주장한다. 방폐장에서 외부로 누출되는 방사선의 양은 병원의 X선 촬영에서 나오는 양보다 적다고 주장했고, 정부는 과학자들의 전문 지식을 근거로 국민들이 정부 방침을 따르도록 강요했다. 그러나 시민들은 동의하지 않았다. 1980년대부터 추진된 방폐장 건설은 예정 부지 주민들의 반대로 표류하다가 2016년 겨우 해결되었다.[87] 무려 30년의 세월이 소요되었다. 이것이 시사하는 바는 무엇인가? 정부와 과학자 집단은 방폐장 문제를 '정상과학normal science'의 범주로 보고 접근했다. 측정과 시뮬레이션으로 얻은 데이터에 의하면 방폐장은 인체에 거의 무해하므로 이를 믿고 따라도 된다는 것이었다. 하지만 시민들은 '탈정상과학'의 문제로 인식했다. 과학은 방폐장이 인체에 해를 끼칠 확률을 매우 낮게 계산했으나, 사람들은 확률적인 수치에 안도하지 않았고 자신들이 느끼는 위험에 공감해 주길 원했다.

과학기술과 윤리

1986년 1월 28일 11시 30분, 미국의 우주왕복선 챌린저호가 발사된 지 70여 초 만에 공중에서 폭발했다. 이 사고로 승무원 전원이 사망했다. 고체 연료 부품의 하나인 고무 패킹의 저온 손상 때문에 사고가 발생했다. 해당 부품의 저온 손상 가능성은 실무 엔지니어들이 사전에 파악하고 있었다. 몇몇 엔지니어들은 발사 전날에 열린 회의에서 발사를 중단해야 한다고 강력하게 주장했지만, NASA 경영진은 이를 묵살했다.

참사 후 이블링을 비롯한 엔지니어들은 사고의 원인을 사회에 알려야 한다는 기술자적 양심과 동료들의 직장인 NASA를 지켜야 한다는 의무감 사이에서 큰 갈등을 겪었다고 한다. 그로부터 30년이 지난 2016년, 89세가 된 이블링은 그간 마음속에 묻어 두었던 이야기를 공영 라디오 인터뷰에서 털어놓았다. 당시 정치적인 목적으로 발사를 강행하던 NASA를 비판하면서, 동시에 본인이 사고를 예견했음에도 엔지니어로서 더욱 강력하게 발사를 막지 못했던 과오를 사과했다.

NASA는 왜 무리하게 발사를 강행했을까? 당시 NASA는 20년간 계속해서 예산이 삭감되고 있었다. 아폴로 유인우주선 사고 이후 우주개발에 관한 대중들의 관심이 줄어들면서 관련 예산도 점차 감소했다. 따라서 챌린저호의 성공적인 발사는 NASA 조직의 미래가 걸린 중요한 일이었다. 또 레이건 대통령의 관심 등 정치적 이해관계와도 엮여 있었다. 발사 연기가 되풀이되는 것은 NASA나 정부 입장에서는 달갑지 않은 일이었다. 그래서 위험하다는 엔지니어들의 경고에도 불구하고 발사가 강행되었던 것이다.

과학과 윤리는 본질적으로 무관하다는 견해가 있다. 보통 윤리는 사람들이 어떤 목적으로 살아가야 하는지를 제시하며, 과학은 목적을 달성할 수 있는 방법을 제시한다. 그러므로 윤리와 과학은 각각의 고유한 영역이 있고, 그 영역은 접촉하기만 할 뿐 겹치지는 않는다고 주장한다. 이 주장에 따르면, 과학적인 윤리가 있을 수 없으며 윤리적인 과학이라는 개념도 성립할 수 없다. 과학과 기술은 본질적으로 자연의 질서를 연구하고 활용하는 가치중립적인 것이며, 오로지 사용자의 의도에 따라 선하게 또는 악하게 사용되는 양날의 칼일 뿐이다.

예컨대 인류가 발견한 불, 전기, 핵에너지 등은 잘 사용될 수도 있고 잘못 사용될 가능성도 있다. 이는 과학기술 자체와는 무관하게 기술의 사용자인 정치인 또는 일반 시민의 윤리적 문제로 귀결된다. 만약 과학기술자들에게 윤리 의식을 강요할 경우 그 범위가 너무 넓다는 것도 현실적인 문제가 될 수 있다. 유전공학이나 핵물리학의 연구가 가져올 부작용을 염려한다면 지금이라도 모든 연구를 전면 중단해야 한다. 초파리 DNA 복제 연구를 하는 사람에게 해당 연구가 인간 복제에 연결될 가능성이 있으므로 책임을 지고 연구에 임하라고 하는 것은 지나친 처사이다.

반면, 과학자들의 윤리 의식이 매우 중요하다는 주장도 제기되고 있다. 비윤리적인 방향으로 전개될 위험이 있는 몇몇 과학기술이 분명히 존재하며, 이에 대한 연구자들의 윤리 의식은 반드시 필요하다는 것이다. 방사선의 연구는 질병 치료용과 군사용이라는 목적에 모두 활용이 가능한 양날의 칼이지만, 핵무기는 인류를 파멸시킬 목적으로 연구 및 개발되는 것이 자명하며 토목공사를 위해 활용될 가능성은 전혀 없다는 것이다.

그러나 현실적으로 과학기술자들에게 필요한 윤리적 책임의 범위가 어디까지인지 규정하기는 쉽지 않다. 현대 과학은 '탈정상과학'의 특징을 띠고 있어서 파급력을 가늠하기 어렵다. 유전자 조작 식품이 인류에게 이로울지 해로울지는 예측하기 어렵다. 그럼에도 불구하고 과학기술자들의 윤리 의식은 어느 정도 필요해 보인다. 무엇보다 과학기술자들은 과학기술과 사회 전체를 통합적으로 바라볼 수 있는 시각을 가져야 한다.

가령, 새로운 바이러스를 생물학적 측면에서 개발했을 뿐, 이것이 실험실 외부로 누출되어 새로운 질병을 초래하게 될 줄은 꿈에도 몰랐다는 식으로 발뺌을 해서는 안 된다. 기본적으로 자신이 수행하는 연구의 전체적인 맥락을 이해하고 있어야 한다. 어떤 줄기세포 연구의 책임자가 소속 연구원에게 현미경 사진 데이터를 수정하라고 지시했다고 하자. 그렇다면 해당 연구원은 자신이 조작하는 현미경 사진이 무슨 목적으로 활용될 것인지 그 맥락을 알고 행동해야 한다.

과학의 가치 중립성

대한민국의 강물에 녹조가 넘쳐나고 있다. 2009년부터 이명박 정부는 4대 강 사업을 실시했다. 수십조 원의 예산을 투입해 4대 강(한강, 낙동강, 금강, 영산강)에 보 16개와 댐 5개, 저수지 96개를 만든 것이다. 그러나 2013년 박근혜 정부에서 이루어진 감사원의 종합 감사 결과 4대

4대 강 사업의 후유증으로 발생한 녹조. 정치적 목적으로 왜곡된 의견을 내는 학자들에 의해 과학은 가치중립성을 상실하게 되고, 그 결과는 국가와 사회의 파탄으로 이어진다.

강 사업이 총체적 부실을 안고 있고, 보와 저수지의 난립으로 수질이 크게 악화되었다는 결론이 나왔다. 결국 정권 초기에 이른바 4대 강 전도사로 활약한 수많은 토목 전공 대학 교수들의 주장에 많은 문제가 있는 것으로 드러났다.

2016년 가을, 한 건의 사망진단서가 대한민국을 뒤흔들었다. 시위 도중 경찰의 물대포에 맞아 뇌손상을 입고 사망한 백남기 농민의 사인을 병사로 기재한 진단서가 서울대병원의 한 의사에 의해 발급된 것이다. 대한의사협회를 비롯해 많은 의료인들은 외인사라고 주장했지만, 담당 의사는 끝내 진단서 수정을 거부했다. 많은 사람들은 경찰과 정권을 도와주기 위한 정치적 목적으로 발급된 사망진단서가 아닌지 의심했으며, 결국 2017년 문재인 정부가 들어선 다음 서울대병원 측은 사망원인을 외인사로 수정한 진단서를 발급하기에 이르렀다.

―

과학과 기술은 가치중립적인가? 물론 그 자체는 항상 가치중립적이다. 그러나 특정 정권이나 특정인의 이해에 따라 과학적 사실이 과장되거나 축소되는 경우가 심심찮게 발견된다. 특정한 결론을 유도하기 위해 종종 과학적 사실들은 불합리하게 선택되고 조합된다. 과학적 가치중립성을 논할 때는 '과학적 사실'과 '왜곡된 과학적 주장'을 구분하는 것이 중요하다. '과학적 사실'은 '정상과학'의 내용 또는 그 테두리 안에서 확인된 사실이다. 지구의 공전주기는 365일이라는 사실과 항생제의 남용은 내성균의 출현을 촉진한다는 사실을 예로 들 수 있다. 간혹 '과학자의 주장'이 '정상과학'의 패러다임으로 설명하기 어려울 때도 있다. 백남기 농민은 적극적인 연명 치료를 거부했기 때문에 병사病死로 분류해야 한다는 주장이나 4대 강에 많은 보와 저수지를 설치해 수질 관리가 한층 용이할 것이라는 주장이 그 예이다. '왜곡된 과학적 주장'이 마치 과학적 사실인 것처럼 인용되는 것에 주의해야 하고, 수정하거나 폐기할 여지가 있는지를 항상 살펴야 한다.

특정 집단이나 개인의 이익을 위한 '왜곡된 과학적 주장'은 잘못된 가치를 만들고 사회적으로 바람직하지 않은 결과를 초래한다. 과거에 우생학[88]이라는 잘못된 과학적 주장이 수백만 명의 유태인 학살을 몰고 왔다는 사실을 우리는 잘 알고 있다.

과학기술 포퓰리즘

우리나라 역대 대통령 가운데 과학기술을 가장 진흥시킨 사람은 누구였을까? 한 설문 조사에 따르면 박정희 대통령으로 조사되었다.[89] 박정희 대통령은 1961년부터 18년간 장기 집권하며 수많은 민주화 인사를 탄압한 독재자였다. 그런 그가 어떻게 최고의 과학 대통령이 될 수 있었을까?

민주주의는 과학기술의 진흥에 도움이 될까? 이론상으로는 도움이 된다. 과학기술 정책의 수립 및 추진 과정이 특정인에 의해 좌우되지 않고, 국민 전체의 뜻과 과학기술계 전반의 의견에 따라 진행되는 것이 바람직하다. 그러나 현실은 종종 그렇지 못하다.

집권 세력은 국가 과학기술의 백년대계를 세우고 이를 실천하기보다 다음 선거에서 정권을 재창출하는 것에 유혹을 받기 쉽다. 정치인들은 국민이 단기간에 느낄 수 있는 성과를 내기 위해 행정적 수단을 동원해 과학기술계를 쥐락펴락한다. 수학, 물리학 등 기초과학보다 로봇, 캡슐형 내시경, 전기 자동차 등 대중의 흥미를 유발할 수 있는 분야를 적극 지원하는 경향이 있다. 코엑스나 킨텍스 같은 대형 전시장은 정부의 과학기술 성과를 홍보하는 장이 되기도 한다. 장관이나 과학기술 관료들 역시 대통령의 통치 방향을 충실히 보좌하는 것이 개인적 이익에 부

88 ― 1883년 영국의 골턴이 창시한 이론으로 유전학, 의학, 통계학 등을 기초로 유전적으로 우수한 인구의 증가를 꾀했다. 이후 정신 질환, 유전병 등을 지닌 사람들을 강제로 사회에서 격리하는 우생 법안이 여러 나라에서 시행되었다.

89 ― 1996년 경희대 연구팀은 국내 과학기술자 1,550명을 대상으로 '과학기술인의 인식 조사'를 실시했다. 우리나라 역대 대통령 가운데 과학기술을 가장 진흥시킨 사람은 박정희 대통령이라는 응답이 전체의 78%로 나타났다.

90 ― 2016년 한국을 강타한 박근혜-최순실 게이트가 대표적인 사례이다. 대통령이 헌법과 법률에 위반되는 다수의 일을 기획하고, 이에 많은 청와대 참모들과 정부 부처 공무원들이 동원되어 부역한 사건이다.

합하므로 포퓰리즘에 의한 정책을 추진할 가능성이 높다.[90]

한편 국책 연구소의 기관장들은 정부로부터 많은 출연금을 받아 내야 하므로 정권의 입맛에 맞는 연구 성과(대중이 흥미를 가질 수 있는 분야)를 내도록 소속 연구원들을 독려하는 경향이 종종 나타난다. 연간 20조 원에 가까운 국가 연구 개발 예산 가운데 상당한 부분이 정치적 포퓰리즘에 따라 배분되는 경우가 있다. 이러한 일련의 과정에 따라 과학기술의 발전은 더뎌지거나 후퇴하고 만다.

시민들이 정권의 과학기술 포퓰리즘을 저지하거나 대항할 수는 없을까? 안타깝지만 쉽지 않은 일이다. 대한민국의 과학기술 발전을 위해 어떤 연구가 필요하고 어떤 연구가 포퓰리즘으로 생긴 거품인지 일반 국민은 잘 구분하지 못한다. 그래서 다음 선거에서 정부의 포퓰리즘을 심판하기 어렵다. 이러한 이유로 대한민국의 과학기술 발전이 오히려 유신 독재하에서 가장 올바른 방향으로, 가장 효과적으로, 가장 빠르게 발전되었다고 보는 견해도 많다. 독재자는 자신이 영원히 집권할 생각을 가지고 있었으므로, 국민의 눈치는 보지 않고 국가의 미래만 생각하면서 과학기술을 육성했다는 것이다.

황우석 교수의 생명 복제 연구는 김대중 정부와 노무현 정부 때 정권 차원에서 많은 관심을 받았다. 황 교수의 연구 주제는 대중에게 매력적으로 어필할 수 있는 주제였기 때문이다. 국민 대부분은 입자 물리학이나 위상수학보다 로봇이나 생명 복제에 더 관심이 많다. 과학기술의 슬로건은 대통령의 임기인 5년을 주기로 계속 바뀌고 있다. 정부의

보수 성향의 도널드 트럼프 정부는 대기업 편향적인 과학기술 정책을 시행할 가능성이 크다.

주력 과학기술 정책이 대통령 임기에 맞춰 바뀌면서 기존에 축적된 연구 성과들이 상당수 폐기되고 새로운 구호가 제시된다. 예컨대, 이명박 정부가 기치를 내걸었던 녹색 성장과 관련된 과학기술 투자가 창조경제를 주창하는 박근혜 정부에서는 거의 폐기되었다.

—

정권의 성격에 따라 과학기술 정책도 달라진다. 대체로 보수적인 정권은 전통적인 산업 또는 대기업에 혜택이 돌아가는 정책을 취하는 경향이 있고, 진보적인 정권은 신기술 또는 스타 과학자를 지원하는 경향이 있다. 보수정권 또는 전통산업은 정치 및 경제 분야에서 기득권 세력인 경우가 많다. 이들은 현재의 질서가 변화하는 것을 원치 않으며, 정경유착으로 연대하는 경향을 보인다. 한편 진보 정권은 기득권 세력과 대립하는 경우가 많으며, 경제 기득권 세력으로부터 협조를 받기가 어려운 측면이 있다. 따라서 신산업을 육성함으로서 정권의 실적을 만들려고 하는 경향을 띤다. 이러한 모습은 미국에서도 비슷하게 나타난다. 보수적인 부시 행정부는 미국의 석유·핵에너지 기업들과 군수산업을 전폭 지원한 반면, 교토의정서를 파기하는 등 신재생에너지 관련 과학기술 투자는 억제하는 정책을 취했다. 진보적인 오바마 행정부는 줄기세포 연구를 지원하고 신재생에너지 관련 연구를 진흥시켰다.

2017년 출범한 공화당 트럼프 행정부의 과학 정책은 어떨까? 재벌 사업가 출신이며 극도의 보수적 성향을 드러내는 트럼프는 대기업 편향적인 과학기술 정책을 시행할 가능성이 높아 보인다. 신재생에너지 관련 연구 개발 예산은 대폭 삭감되고, 석유 등 탄소 산업을 돕기 위해 환경 규제는 줄어들 것으로 예상된다. 반면, 우주·국방 관련 과학기술 정책은 확대될 것으로 보인다.

미국의 과학기술 정책은 한국을 비롯한 세계 각국에도 영향을 미친다. 미국 보수 정권이 신재생에너지 연구 개발의 비중을 낮추는 것은 관련 산업을 덜 지원한다는 신호를 미국 국내뿐 아니라 세계 시장에 보내는 것이다. 결국 전 세계적으로 관련 산업이 위축되며, 연구 개발 및 투자도 동반 감소하게 된다. 그러므로 트럼프 행정부 출범 이후에도 신재생에너지나 줄기세포와 관련한 연구 개발과 산업이 전 세계적으로 다소 정체되는 모습을 보일 것으로 예상된다.

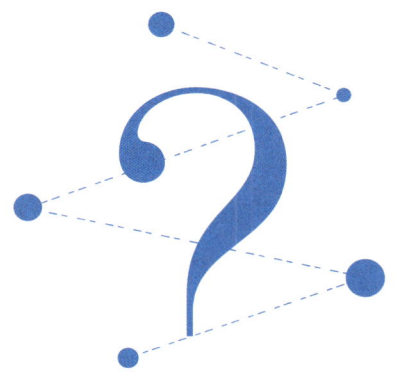

왜 한국에는 노벨 과학상이 없을까

2

부득탐승(不得貪勝), 승리를 탐하면 이기지 못함을 이르는 격언으로 바둑에 입문하는 모든 사람들이 배우는 원리이다. 바둑에서는 항상 평정심을 가지고 최선의 한 수를 추구해야 하는데, 이기려는 욕심이 지나치게 강하면 마음이 흔들려서 올바른 통찰의 수를 놓치기 쉽다. 그리고 '큰 승부에 명국 없다'는 말은 부득탐승의 원리를 경계하는 것이 얼마나 어려운가를 보여 준다.

2016년 구글의 인공지능AI 알파고가 한국을 강타하면서, 그해 여름에 정부는 국내 AI 연구 관련 산업을 위한 지원 대책을 발표했다. 정부 주도로 2조 원 이상을 투입하여 AI 기술 확보에 본격적으로 나서겠다는 내용이었다. 2019년에는 자연어를 이해하고, 2026년에는 복합적인 사고가 가능한 AI를 개발한다는 로드맵도 내놓았다. 2026년까지 전문 기업 1,000개 이상, 전문 인력 3,600명을 양성한다는 매우 구체적인 내용까지 발표했다. 그렇다면 대한민국은 정부가 정해 준 로드맵을 따라 세계 최고의 AI 선진국이 될 수 있을까?

성장주의와 권위주의

우리나라에서 산업화가 본격적으로 추진된 시기는 1960년대 이후이다. 1962년 시작된 경제개발 5개년 계획은 1986년까지 5차에 걸쳐 시행되면서 세계에서 유례를 찾아보기 힘들 정도로 고도성장을 이루었다. 제1차 경제개발 5개년 계획에서 과학기술의 진흥은 우선순위가 높았다. 1966년 우리나라 최초의 종합 과학기술 연구소인 한국과학기술연구원KIST이 설립되고, 1967년 정부 부처로 과학기술처가 세워졌다. 당시 과학기술은 말 그대로 한국 근대화를 위한 도구였다. 1970년대에는 중화학공업을 육성하고, 1980년대 이후에는 반도체와 정보 통신 기술을 꽃피우는 등 나름대로 훌륭한 성과를 거두었고 경제 발전에도 큰 역할을 했다.

그러나 1960년 이후 수십 년간 이루어진 과학기술은 대부분 모방

기술이었다. 해방과 한국전쟁 이후 우리나라는 기초과학을 육성할 수 있는 여건이 마련되지 않아 선진국의 산업화 기술을 빠르게 모방하는 데 주력했다. 과학기술 정책도 경제 발전 계획에 종속된 채 추진되어 왔다. 그러다 보니 관료들과 과학자들은 과학기술을 정치적 수단으로 삼고 과학기술의 성과를 바로 돈과 연결시킬 수 있다고 생각했다.

과학은 철학, 문화, 예술의 발전과 더불어 이루어진다. 경제와 산업을 일으키기 위한 도구로 과학기술을 육성하면 곧 한계에 봉착할 수밖에 없다. 성장 지상주의에 빠진 과학기술 정책은 결과만을 중시하는 경향이 있다. 과학 기술의 발전을 위한 토양, 과정과 절차, 연구 개발 인력이 가지고 있는 가치관에는 거의 무관심하다. 오로지 연구 개발의 결과가 산업화에 어떤 기여를 할지, 매출액은 얼마나 발생할지 그것에만 관심을 갖기 쉽다. 현재 국가 예산 중 연구 개발비는 연간 약 20조 원에 이른다. 그런데 연구소에서 이 연구 개발비를 지원받기 위해 작성하는 연구 제안서에는 연구에 따른 매출액, 수출 가능 금액 및 수입 대체 효과를 적도록 요구하는 경우가 많다. 미국 등 해외 선진국의 연구 제안서에서는 보기 어려운 항목이다.

성장 지상주의는 자연스럽게 단기 성과 위주의 과학 정책을 낳는다. 정부가 정한 로드맵과 시간표에 따라 결과를 만들어 내라는 식이다. 대부분의 연구는 1~3년 정도 이루어지고, 매년 연구 실적을 평가받아야 한다. 보통은 5~10년 이상 연구해야 의미 있는 결과를 얻는데, 정권과 과학기술 관료들은 다음 선거 전까지 가시적인 성과를 내고자 한다. 매년 이루어지는 중간 평가에서 연구자들이 좋은 점수를 받으려면 해마다 논문과 특허 개수를 잘 관리해야 한다. 결국 가치가 떨어지는 논문이나

미국 정부 연구비를 수주하기 위한 과제 제안서(좌)는 에세이 형태로 작성되어 있고 정형화된 표가 거의 없다. 반면, 한국 정부 연구비를 수주하기 위한 제안서(우)는 서식이 엄격하고 표가 많이 등장한다.

쓸모없는 특허를 출원할 수밖에 없는 것이다.

　　미국은 국립과학재단NSF과 고등국방연구소DARPA를 중심으로 연구비를 지원하고 있다. 미국의 연구 제안서는 대체로 에세이 형식이다. 학문적으로 창의적인 연구 주제나 국가적으로 향후 예상되는 기술적 필요를 제안하고 그것을 자유 양식으로 서술하는 형태이다. 반면, 우리나라의 연구 제안서는 정부에서 수요를 제기하고 연구자들이 이에 부응하는 형식이 대부분이다. 연구 제안서에는 정해진 양식의 표가 많이 등장한다. 표의 내용은 연구 목표, 연구의 예상 성과, 연구의 결과로 창출될 특허 및 매출액 실적 등이다. 정부가 지정하는 주제를 연구하고 정부가 정한 포맷에 맞춰 예상 실적을 적어 내는 방식이다.

과학기술 성장 지상주의는 자연스럽게 권위주의와도 연결된다. 과학기술 정책을 담당하는 관료들은 과학기술 정책을 독점적으로 수립하고, 과학자들은 이런 방향에 순응한다. 그리고 시민들은 정부 정책에 따라 계몽되어야 하는 피동적인 존재로 취급받는다. 연구 과정에서도 과도한 행정 업무가 과학자들을 괴롭힌다. 과제의 선정 평가, 중간 평가, 결과 평가 등 각종 평가회를 위한 발표 자료를 만드는 일로 분주하고, 복잡한 연구비 회계 처리로 골머리를 앓는다. 관료들이 쉽게 자료를 볼 수 있도록 과학자들은 정해진 양식에 맞춰 각종 보고서와 영수증 철을 만들어야 한다. 연구비의 세부 항목은 세세하게 나뉘어 있으며, 항목 간 이동을 하거나 구입하기로 한 장비를 다른 것으로 대체할 경우 상급 기관의 허가를 받아야 한다.

이 때문에 시시각각 변화하는 연구 환경에 대응할 수 있는 연구자들의 자율성이 제한되고 있다. 연구 분야의 설정 및 연구비 지원 대상자는 정치적 요소나 인맥에 따라 결정되는 경우가 많다. 대학과 연구소의 연구자들은 공무원, 기업, 과제 평가자들과의 관계를 좋게 유지하는 데 시간을 쓰느라 정작 연구에 몰두하지 못한다는 지적도 많이 나온다.

과학기술계 내부에도 권위주의가 존재한다. 학맥, 인맥으로 뭉쳐 특정 분야의 연구비를 싹쓸이하는 현상도 나타난다. 연구실 내에서 착취, 일방통행식 명령, 비민주적인 봉건주의식 행태들도 적잖게 드러나고 있다.

정답을 강요하는 사회

미국 조지아대 언어 연구소에서 생후 9개월 때부터 언어를 배운 원숭이 칸지는 '천재 원숭이'로 불린다. 렉시그램이라는 소통 도구로 200개가 넘는 단어를 학습했고, 사람들과 의사소통을 할 수 있으며, 여러 가지 지능적 과제를 수행했다. 그런데 다재다능한 이 원숭이도 결코 보여 주지 못하는 능력이 있다고 한다. 그것은 '왜?'라고 질문하는 능력이다. 칸지는 '나는 누구인가?', '왜 이 일을 해야 하는가?', '내가 사용하는 이 도구의 작동 원리는 무엇인가?'에는 전혀 관심이 없다.

2014년 출간된 《서울대에서는 누가 A+를 받는가》는 우리 사회에 잔잔한 충격을 던져 주었다. 책의 저자는 서울대에서 학점 4.0 이상을 받는 최우등생들을 대상으로 어떻게 A+ 학점을 받았는지 조사했다. 서울대 일반 학생 1,100명과 미국의 명문 미시간대 학생들을 비교 조사했다. 서울대 학생들이 A+를 받은 비결은 '강의 시간에 교수의 말을 한마디도 놓치지 않고 최대한 다 적는다'는 것이었다. 학생들은 아무리 좋은 생각이나 아이디어가 있더라도, 책이나 교수의 의견과 다르면 시험이나 과제에 적지 않았다.

한편 미시간대 학생들의 수업 전략에 관한 설문조사에서는 '교수의 강의 내용을 다 적는다'는 답변은 최하위였다. 결국 한국의 대학에서 우수한 인재는 '자신의 생각이나 창의력은 최대한 억누르고 교수가 정한 울타리를 넘지 않도록 철저히 주의하는 관리형 인재'이다. 이 시간에도 서울대를 비롯한 우리나라 대학의 강의실에서는 교수의 강의 전체를 녹음하고 농담까지도 받아 적는 학생들이 대부분일 것이다.

천재 원숭이 칸지는 렉시그램을 이용해 의사소통이 가능하다. 그러나 이 원숭이는 "왜?"라는 질문을 할 줄 모른다.

미국의 교육과 대학 문화는 우리와는 다르게 자율성과 창의성을 강조한다. 교육의 중심에 학생을 두고 학생들이 창의력과 소질을 발휘하도록 적극적으로 돕는다. 정부는 교육 제도와 방법을 제시하지 않고 각 지역과 학교가 자율적으로 교육하도록 내버려 둔다. 토론과 발표 위주의 수업이 많고 일방적인 지식 전달형 수업은 거의 없다. 과제물도 창의력을 요구하는 것이 대부분이다. 교수의 말을 모두 녹음해서 답안지에 복제해도 높은 학점을 받을 수 없다.

1948년 설립된 독일 막스플랑크연구재단은 80개의 연구소로 이루어져 있고 현재까지 수십 명의 노벨상 수상자를 배출했다. 이 연구소는 '하르나크 원칙Harnack principle'을 가장 중요한 가치로 설정하고 있다. '정부는 연구 예산을 아낌없이 지원하지만 연구에 간섭하지 않는다'는 원칙이다. 또 다른 원칙은 '실패한 연구란 없다'이다. 연구비를 받기 위해 처음 신청한 연구 계획과 방향이 달라지더라도 연구자들이 자율적으로 예산을 조정해서 쓸 수 있다. 예상했던 결과를 얻지 못하더라도, 그 과정에서 성실성과 합리성이 인정되면 전혀 문제가 되지 않는다. 실제 독일에서는 실패한 것으로 분류된 연구 과제들이 꽤 많다.

반면 한국에서는 99%의 과제가 성공한 것으로 분류된다. 연구 과제 제안서를 제출할 때, 내부적으로 이미 달성해 둔 연구 목표를 제시하거나 충분히 달성 가능한 목표를 제시하기 때문이다. 연구자가 도전적인 연구 목표를 제시한 뒤 달성에 실패하면 크고 작은 책임 문제에 시달린다. 연구비를 제공하는 정부 부처 공무원들 역시 사유서를 작성하는 등 껄끄러운 일에 시달린다. 연구 과제 최종 평가회에서는 사업 관리 담당 공무원이 평가자들에게 '가능한 성공 과제로 평가해 달라'고 주문하기도 한다.

미국의 연구소, 대학, 기업체가 가진 경쟁력의 원천은 무엇일까? 여러 요소가 있겠지만, 무엇보다 실패를 관용하고 시행착오를 통해 얻는 경험의 가치를 높게 평가하는 것이다. 벤처 기업을 운영하다가 실패하거나 다른 회사로 이직하는 것도 귀중한 경험으로 받아들인다. 실제 미국의 직장에서 이직은 매우 흔한 일이고, 대학 교수들도 2~3곳 이상 대학을 옮기는 일도 빈번하다.

노벨상을 위한 토양

노벨상이 시상되기 시작한 1901년부터 지금까지 천 명 이상의 수상자가 배출되었다. 2015년을 기준으로 수상자 수는 미국이 357명으로 가장 많고 그 다음으로 영국, 독일, 프랑스 순이다. 일본은 24명이 노벨상을 받았고 중국도 12명이 수상했다. 그러나 한국은 과학기술 분야에서 아직 노벨상 수상자를 한 명도 배출하지 못했다. 일단 연구비 규모 면에서는 별 문제가 없어 보인다. 우리나라의 연구 개발비는 GDP 대비 4% 수준으로 세계 1위이다. 미국은 3%를 밑돌고, 중국과 유럽연합은 2% 수준에 불과하다. 그렇다면 무엇이 문제일까?

앞에서 지적했듯이, 성장 지상주의와 권위주의의 어두운 그림자가 큰 원인이다. 과학기술을 경제 발전을 위한 도구로 인식하고 예산과 정책을 통해 어떤 과학이든 쉽게 정복할 수 있다는 권위주의가 팽배하다. 인공지능 알파고와 프로 바둑 기사 이세돌 9단의 대국이 끝나자마자, 정부가 인공지능 연구에 투자할 수조 원의 연구비와 연구 로드맵까지 제시한 것이 대표적이다. 이런 사회 분위기 속에서는 노벨상에 대한 희망은 잘 보이지 않는다.

    노벨상은 돈으로 살 수 있는 것이 아니다. 정책으로 추진할 수 있는 것도 아니다. 과학과 기술을 보는 안목 자체가 변해야 한다. 창의성과 도전의 가치를 높게 평가하는 사회적 인식이 필요하다. 이웃 나라인 일본은 과학 분야에서 노벨상 수상자를 많이 배출했다. 수상자는 대부분 지방의 작은 대학 교수이거나 민간 기업체의 직원이었다. 그들은 오랜 기간 하나의 분야에 집중하면서 많은 실패와 좌절을 맛보았다. 하지만 그 과정에서 과학기술의 수준은 더욱 높아졌고, 마침내 노벨상을 수상하는 영광을 얻을 수 있었다. 실패를 각오하고 연구를 해야 성공할 수 있다. 돈이 되지 않는 것을 연구해야 돈이 될 수 있다. 노벨상을 의식하지 않고 연구해야 노벨상에 가까워질 수 있을 것이다.

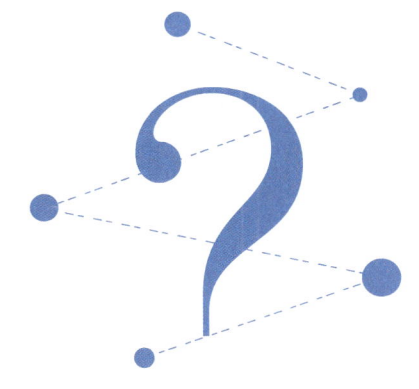

인문학과 과학기술

3

"300년 전 기술과 인문학을 떼어놓았을 때 우리는 큰 잘못을 저질렀다. 이제는 이 둘을 함께 제자리에 되돌려 놓을 때이다."

—마이클 더투조스

2007년 애플의 CEO 스티브 잡스는 1세대 아이폰을 발표했다. "오늘 우리는 세 가지 혁명적인 기기를 선보입니다. 첫째는 터치로 조작할 수 있는 큰 화면을 가진 아이팟입니다. 둘째는 혁신적 기능성을 갖춘 휴대폰, 셋째는 인터넷을 할 수 있는 컴퓨터 단말기입니다. 그리고 놀랍게도 이 세 가지 기기는 하나로 통합되어 있습니다. 우리는 그것을 아이폰이라고 부릅니다."

아이폰이 세상에 나오자 사람들은 열광했다. 아이폰은 세계 스마트

스티브 잡스는 2007년 1월 9일 맥월드 엑스포에서 최초의 아이폰을 공개했다. 아이폰은 기술이 아닌 인간을 바라보았으며, 그 결과 대성공을 거두었다.

폰 역사의 첫 페이지를 장식하는 기념비가 되었다. 과연 아이폰의 경쟁력은 무엇이었을까?

결국 지향점은 인간이다

아이폰 이전에도 스마트폰이 상용화되고 있었다. 2004년부터 노키아와 모토로라는 와이파이 기능이 탑재된 스마트폰을 생산하고 있었지만, 별로 주목을 받지는 못했다. 화면이 작고 키보드 조작이 불편해 인터넷을 할 수 있다는 기능성이 장점으로 부각되지 못했다. 또 스마트폰에서 구동되는 어플리케이션이 턱없이 부족했다.

2007년에 출시된 아이폰은 외형과 기능이 단순해 기존의 노키아 제품보다 뒤떨어지는 것처럼 보였다. 하지만 아이폰은 사용자 중심의 제품이었다. 우선 터치스크린을 적용해 사용자와 화면이 감성적으로 접촉할 수 있도록 했다. 하드웨어적 성능보다는 심미적 디자인에 많은 공을 들여 애플 특유의 디자인을 완성했다. 또 사용자가 자신의 선호도에 따라 화면 인터페이스를 구성할 수 있도록 만들었다. 무엇보다 '앱 스토어'라는 오픈 어플리케이션 서비스가 아이폰 흥행의 결정적 요소가 되었다. 누구라도 창의성을 발휘해 어플리케이션을 만들고 이를 앱 스토어라는 공간에서 사고팔 수 있도록 한 것이다.

아이폰의 등장은 새로운 형태의 모바일 생태계를 만들었다. 스마트폰 제조업체는 개방적인 하드웨어 플랫폼을 제공하고, 앱 개발자들은 아이폰에서 구동되는 다양한 프로그램들을 개발하고, 사용자들은 자신의 목적에 맞게 아이폰과 소프트웨어들을 맞춤형으로 사용할 수 있게 되었다. 노키아와 모토로라는 뛰어난 하드웨어를 만드는 데 주력했지만, 사람들은 자신의 창의력을 결합시켜 삶의 풍요를 경험하게 해 주는 아이폰을 선택했다.

세계 최대의 SNS 페이스북은 창업자 마크 저커버그가 가진 사람과 사회를 바라보는 통찰력, 즉 인문학적 소양에서 비롯되었다.

　　IT 산업의 동력과 방향을 기술과 과학으로만 이해하면 본질을 놓칠 수 있다. IT 제품과 서비스를 만드는 주체는 사람이고, 그것을 사용하는 주체도 사람이다. 인간과 역사와 문화를 제대로 이해하지 못하면 제대로 된 철학을 정립할 수 없고 창의적인 제품과 서비스를 만들기도 어렵다. 1960년대 이후 한국의 산업은 제조업 중심으로 성장했다. 정부가 주도하는 경제개발 5개년 계획의 밑그림에 따라 반도체, 철강, 조선, 자동차 산업이 개발되었다. 정부가 계획을 수립해 예산을 투여하고, 기업들은 선진국의 기술을 복제해 저렴한 인건비를 무기로 산업화를 추진했다. 이때는 사회와 문화를 이해할 필요가 없었다. 정부나 기업체에서 요구하는 미덕은 일사분란함이었고, 개인의 창의력 따위는 필요치 않았다. 하지만 지금은 과거의 패러다임이 더 이상 통하지 않는다.

오늘날 세계를 움직이는 애플, 마이크로소프트, 구글, 페이스북과 같은 거대 기업의 특징은 무엇인가? 이 기업들은 기술이 아닌 인간을 바라본다. 사람과 사회를 바라보는 통찰력을 중시하고 인문학 전공자에 관심이 높다. 페이스북 창업자 저커버그는 유년 시절 그리스 로마 신화를 탐독했다고 하며, 그가 젊은 시절 만든 컴퓨터 게임의 배경도 고대 로마였다. 세계 최대의 SNS로 성장한 페이스북의 탄생도 그의 인문학적 소양에서 비롯되었다는 평가를 받는다.

―

앞으로 인류 문명은 어떻게 진화할 것인가? 경제와 산업의 축은 어떻게 이동할 것인가? 하나의 분명한 흐름은 경험 경제의 시대로 진입한다는 것이다. 이제 우리는 모든 형태의 상품과 모든 형태의 정보를 입수할 수 있게 되었다. 그 다음 단계는 소유의 가치가 경험의 가치로 변환되는 것이다. 노트북과 스마트폰이라는 하드웨어를 제조하는 것이 생산 경제라면, 스마트폰을 이용해 나의 경험을 관리하고 다른 사람들의 경험을 공유하도록 도와주는 페이스북과 트위터 등의 서비스는 경험 경제에 속한다. 아이폰은 사용자의 경험을 디자인하려고 했기 때문에 성공했다. 사용자의 취향을 반영하는 위젯이라는 개념을 최초로 도입했고, 아이튠즈는 음악과 영상과 방송을 사용자의 취향에 맞도록 관리하는 혁신적 기능을 제공했다. 사람들은 하드웨어의 성능에 주목한 것이 아니라 하드웨어가 만들 수 있는 가치에 주목했고, 그 결과 아이폰은 대성공을 거두었다.

인문학은 왜 중요한가?

인류 역사의 시작부터 17세기 산업혁명에 이르기까지 과학과 기술은 인류 문명을 구성하는 필수 요소가 아니었다. 농부가 파종하면 자연의 섭리에 따라 곡식들이 자랐고, 어부는 그물로 물속에 살고 있는 물고기를 낚았다. 그러다가 산업혁명 이후 문명의 양상이 조금씩 변화되기 시작했다. 사람들이 마음속으로만 바라던 바를 현실로 이루어 냈다. 증기기관은 상상도 못할 거대한 힘을 발휘했고, 기계장치로 땅속 깊은 곳의 석유나 광물을 캐낼 수 있었으며, 빠른 속도로 달리는 기차를 만들어 먼 곳까지 많은 짐을 실어 나를 수 있었다.

20세기 초에는 전기가 발명되면서 2차 산업혁명이 일어났다. 전등이 생겨나 밤에도 문명을 유지할 수 있었고, 발전기와 전기 모터로 사람의 손과 발이 되어 주는 다양한 장치를 만들 수 있었다. 1960년대 이후에는 디지털 산업혁명이 전개되었다. 인터넷과 컴퓨터가 환상의 조합을 이루어 정보 통신의 일대 혁명을 일으켰다. 미국의 실리콘밸리로 대표되는 정보 통신 산업이 세상을 움직이는 중심축이 되었다. 그렇다면 이제 인류는 어느 방향으로 나아가게 될까?

〈손에 불을 든 프로메테우스〉, Heinrich Fueger(1817). 불이라는 도구는 인류의 역사를 혁명적으로 바꾸었다. 앞으로 인류는 어떤 도구를 확보하고, 어떤 변화를 만들어 낼 수 있을까?

클라우스 슈바프는 《제4차 산업혁명》에서 유비쿼터스, 모바일 컴퓨팅, 인공지능, 로봇, 자율 주행, 유전공학, 신경 기술, 뇌 과학 등 다양한 학문과 전문 영역이 서로 경계 없이 연결되고 상호 영향을 주고받는 새로운 산업혁명이 펼쳐질 것이라고 진단했다. 제4차 산업혁명의 흐름 안에서 모든 것이 융합된다. 우리의 일상과 문명은 과학기술과 서로 강력하게 연결되어 있다. 스마트폰, 컴퓨터, 자동차, 인터넷이 없는 환경은 단 하루도 상상할 수 없다. 이들은 인류 문명을 돕는 부분적인 도구가 아니라 문명을 구동하는 엔진이자 지배하는 권력이 되었다. 이런 점에서 더 이상 과학기술 만능주의를 주장하는 것은 곤란하며, 인문학 만능주의 역시 마찬가지다.

과학기술이 문명의 플랫폼이 된 이 시대에 인문학은 어떤 역할을 할 수 있을까? 과학과 기술이 사물의 원리를 밝히고 도구를 만들 수 있다면, 인문학은 인간다움이 무엇인지를 밝힐 수 있다. '탈정상과학'의 범주에 포함되는 유전자공학, 핵에너지, 인공지능 등의 기술은 인류 문명에 큰 영향을 미칠 수 있으며 심지어 우리의 미래를 파괴할 수도 있다. 이러한 거대 기술을 통제하고 우리를 인간다움이라는 가치로 이끌 수 있는 학문이 바로 인문학이다.

인문학이 필요한 또 하나의 이유는, 인문학과 기술이 융합하면 더 큰 혁신을 이끌어 낼 수 있기 때문이다. 애플의 창업자인 스티브 잡스는 2010년 1월 '아이패드 1세대' 제품을 공개할 때, 그리고 그해 6월 '아이폰 4'를 발표할 때, '애플을 아름답게 하는 건 기술과 인문학의 결합'이라고 강조한 바 있다. 잡스는 '소크라테스와 점심을 같이할 수 있다면 애플이 가진 모든 기술을 그것과 바꾸겠다'라고 말할 만큼 인문학을 높이 평가했다.

현재 인류가 확보한 과학기술은 우리가 상상하는 모든 것을 구현할 수 있는 단계에 와 있다. 이제는 기술 자체보다 상상력이 중요한 시대가 되었다. 기술이 아무리 뛰어나도 사람들의 마음을 헤아리지 못하면 결국 성공할 수 없다. 최근 글로벌 시장에서 성공한 기업들은 공통적으로 지금까지 존재하지 않았던 새로운 개념을 서비스와 제품에 적용했다. 이제 창의적인 생각이 기업 경쟁력의 가장 중요한 요소가 되었다. 그런 의미에서도 인문학은 기업 경영에서 매우 중요한 역할을 하고 있다. 다시 말해, 인문학과 과학기술의 융합은 단지 윤리적 요청이 아니라 피할 수 없는 기술적 요청이 되고 있는 것이다.

사진 출처

p. 51	ⓒTubbi
p. 61	ⓒShahee Ilyas
p. 71	ⓒAnthony Quintano
p. 90	ⓒEdyta Materka
p. 93	ⓒMike McGregor
p. 94	ⓒPeter Rinker
p. 103	iclickart
p. 118	iclickart
p. 119	iclickart(우)
p. 134	iclickart(좌) creativecommons(우)
p. 165	iclickart
p. 170	iclickart
p. 179	iclickart
p. 183	iclickart
p. 195	연합포토
p. 199	ⓒGage Skidmore
p. 207	ⓒWilliam H. Calvin, PhD
p. 212	ⓒMatthew Yohe
p. 214	ⓒSilverisdead

공유저작물(Public Domain)은 기재하지 않았습니다.